智能制造通识课

U0256455

智能制造概论

潘玉山　编著◎

電子工業出版社.

Publishing House of Electronics Industry

北京・BEIJING

内 容 简 介

本书主要内容包括：制造及制造业发展趋势、智能制造战略——"工业 4.0"与中国智能制造、人工智能与智能制造及系统、制造的智能化、智能制造关键技术、传统智能制造模式和智能化先进制造工艺技术等。

本书可作为职业院校机械制造、机电一体化、电气自动化、计算机等专业的教材，智能制造培训机构的培训教材，也可作为智能制造技术人员的参考用书。

图书在版编目（CIP）数据

智能制造概论 / 潘玉山编著. —北京：电子工业出版社，2021.9

ISBN 978-7-121-35841-8

Ⅰ. ①智… Ⅱ. ①潘… Ⅲ. ①智能制造系统—概论 Ⅳ. ①TH166

中国版本图书馆 CIP 数据核字（2018）第 296071 号

责任编辑：张　凌

印　　刷：北京七彩京通数码快印有限公司
装　　订：北京七彩京通数码快印有限公司
出版发行：电子工业出版社
　　　　　北京市海淀区万寿路 173 信箱　邮编　100036
开　　本：787×1 092　1/16　印张：8.5　字数：217.6 千字
版　　次：2021 年 9 月第 1 版
印　　次：2025 年 1 月第 5 次印刷
定　　价：26.00 元

序

——成为智能制造时代的智者

智能制造（Intelligent Manufacturing，IM）的概念伴随着工业 4.0、中国智能制造等国家级工业发展战略的火热兴起而名声大振。智能制造是基于新一代信息通信技术与先进制造技术深度融合，贯穿于设计、生产、管理、服务等制造活动的各个环节，具有自感知、自学习、自决策、自执行、自适应等功能的新型生产方式。加快发展智能制造，是培育我国经济增长新动能的必由之路，是抢占未来经济和科技发展制高点的战略选择，对于推动我国制造业供给侧结构性改革，打造我国制造业竞争新优势，实现制造强国具有重要战略意义。

智能的本质是一切生命系统对自然规律的感应、认知与运用，其核心是要解决不确定性问题。制造上的不确定性至少来自两个方面：一是要充分满足客户日益增长的个性化需求而带来的成本、质量、效率的复杂性；二是产品本身的复杂性，如飞机几百万个零部件，设计、加工、供应链，企业内部管理、外部供应链协同，生产过程、使用过程充满了高度不确定性。智能制造可以理解为主要是用来解决生产制造系统的不确定性的。

本书作者特级教师潘玉山先生在充分研究的基础上，分七章深入浅出地介绍了制造及制造业发展趋势、智能制造战略、人工智能与智能制造及系统、制造的智能化、智能制造关键技术、智能制造模式、智能化先进制造工艺技术，具有系统性和全面性，本书是智能制造相关专业学习的入门教材，也是智能制造及应用的良好科普书籍。

"从自己经验中学习的是聪明人，从他人经验中学习的是智者"，希望此书的出版发行，能让我们成为第四次工业革命时代智能制造的智者。

谭立新

工业和信息化职业教育教学指导委员会副主任委员

湖南省电子学会理事长

湖南省机器人与人工智能学会执行会长

于湘江之滨听雨轩

前 言
PREFACE

　　制造业是国民经济和国防建设的重要基础，是立国之本、兴国之器、强国之基。没有强大的制造业，就没有国民经济的可持续发展，更不可能支撑强大的国防事业。虽然我国制造业规模处于世界第一，但是却面临制造业对外依存度高，高端装备和产品核心技术匮乏，自主创新能力弱，产品档次不高，缺乏世界品牌，资源利用效率低，环境污染突出，产业结构不合理等困境，调整结构、转型升级、提质增效刻不容缓。

　　目前，全球制造业格局正面临重大调整，新一代信息化技术与制造业不断交叉与融合，引领了以网络化和智能化为特征的制造业变革浪潮。在工业领域主要包括工业机器人、智能机床、3D 打印等，而在信息领域主要包括大数据、云计算、社交网络、移动互联等。这些变革带来了制造业的新一轮革命，特别是作为信息化和工业化高度融合的产物的智能制造得到长足发展。随着数字化、自动化、信息化、网络化和人工智能技术的发展，特别是美国的"再工业化"计划、德国"工业 4.0"概念的提出，智能制造已成为当前制造技术的核心发展方向，在我国，智能制造也被定位为中国制造的主攻方向。

　　智能制造技术是制造技术、信息技术和人工智能技术深度融合的结果，它借助计算机收集、存储、模拟人类专家的制造智能，进行制造各个环节的分析、判断、推理、构思和决策，取代或延伸制造环境中人的部分脑力劳动，实现制造过程、制造系统与制造装备的智能感知、智能学习、智能决策、智能控制和智能执行。可见，智能制造是在现代制造技术、新一代信息技术的支撑下，面向产品生命周期的智能设计、智能加工与装配、智能监测与控制、智能服务、智能管理等专门技术及其集成。而智能制造系统是应用智能制造技术，达成全面或部分智能化的制造过程或组织，包括智能机床、智能加工单元、智能生产线、智能车间、智能工厂、智能制造联盟的层级。

　　本书由潘玉山主编，在编写过程中得到湖南信息职业技术学院谭立新教授，上海明材教育科技有限公司的大力协助，在此表示感谢。

编　者

目 录
CONTENTS

第1章

制造及制造业发展趋势

1.1 制造概述

1.1.1 制造与制造业

制造是一种将物料、能量、资金、人力、信息等有关资源，按照社会的需求转变为新的、有更高应用价值的有形物质产品和无形软件、服务等产品资源的行为和过程。一个完整的制造过程包括产品设计、生产、使用、维修、报废、回收等全部过程，也称产品生命周期（见图1-1）。

图 1-1　产品生命周期

制造系统是指制造过程及其所涉及的硬件（如人员、生产设备、材料、能源和辅助装置等）和有关软件（如制造理论、制造工艺、制造方法和制造信息等），组成了一个具有特殊功能的有机整体。

制造业是指对制造资源（物料、能源、设备、工具、资金、技术、信息和人力等）按照市场要求，通过制造过程，转化为可供人们使用和利用的大型工具、工业品与生活消费产品的行业。

1.1.2 制造业的作用

制造业是人类赖以生存的基础产业，也是国民经济的物质基础和产业主体。它直接体现了一个国家的生产力水平和综合竞争力，是区别发展中国家和发达国家的重要因素，是经济高速增长的引擎和国家安全的重要保证。统计表明，在发达国家中制造业占有重要份额，约 70%的社会财富是由制造业创造的，约 45%的国民经济收入来自制造业。以美国为例，68%的社会财富来自制造业。

无论科学技术怎样发展，信息和知识的力量如何强大，其大多数的价值最终是通过制造业贡献给社会的。在更高的社会发展阶段，对于基础产业的依赖性将更为突出，信息和知识社会的高度发展更离不开制造业的支撑。

1.2 制造业发展趋势及我国制造业面临的挑战

1.2.1 制造业发展趋势

人类最早的制造活动可以追溯到新石器时代，并以石器作为劳动工具，制作生活和生产用品，制造模式限于手工制造，直到蒸汽机出现才有了机器制造。但制造业真正进入快速发展阶段不过是近几十年的事，一是计算机、微电子、信息和自动化等先进技术快速发展，二是人们的消费观念发生了结构性的变化，消费需求呈现出多样化和个性化。可以预见，伴随着全球市场需求的个性化与多样化趋势日益明显，制造业将面临全球性、多样化与个性化需求的挑战，规模和成本控制不再是制胜的法宝，世界制造业需要进行全新的、多模式的发展。

（1）从生产手段看，数字化、智能化技术和装备将贯穿产品的全生命周期。

随着信息技术的发展及信息化普及水平的提高，数字技术、网络技术和智能技术日益渗透融入产品研发、设计、制造的全过程，推动产品的生产过程产生了重大变革。一方面，研发设计技术的数字化、智能化日益明显，缩短了设计环节和制造环节之间的时间消耗，极大地降低了新产品进入市场的时间成本；另一方面，机器人、自动化生产线等智能装备在生产中得到广泛应用，"机器换人"已经成为企业提高生产效率、降低人力成本的重要手段。如图 1-2 所示为工业机器人智能化生产车间。

同时，云计算等新技术和新平台不断涌现，全球的产业链、创新链的运转更为高效，异地设计、就地生产的协同化生产模式已经为企业所广泛接受和采用。

（2）从发展模式看，绿色化、服务化日渐成为制造业转型发展的新趋势。

生态环境与生产制造的矛盾日益激化，推动了全球工业设计理念的革新和传统技术的改造升级，以实现资源能源的高效利用和对生态环境破坏的最小化。欧美的"绿色供应链""低碳革命"，日本的"零排放"等新的产品设计理念不断兴起，"绿色制造"等清洁生产过程日益普及，节能环保产业（如新能源汽车产业，如图 1-3 所示）、再制造产业（如混合技

2

术修复，如图 1-4 所示）等"静脉"产业链不断完善，都表明制造业的绿色化发展目标已经成为制造业的共识。而低能耗、低污染的产品也逐步显示出其强大的市场竞争力。

图 1-2　工业机器人智能化生产车间

图 1-3　新能源汽车产业

图 1-4　混合技术修复涡轮叶片

　　同时，服务化也已经成为引领制造业产业升级和保持可持续发展的重要力量，是制造业走向高级化的重要标志之一，制造业的生产将从提供传统产品制造向提供产品与服务整体解决方案转变，生产、制造与研发、设计、售后的边界已经越来越模糊。根据麦肯锡的研究报告，美国制造业的从业人员中，有 34%是在从事服务类的工作，生产性服务业的投入占整个制造业产出的 20%～25%。

　　（3）从组织方式看，内部组织扁平化和资源配置全球化已成为制造业培育竞争优势的新途径。

　　在企业内部管理方面，传统的工业化思维以层级结构管理企业的内部运行，以串联结构与上下游企业共同形成产业链条，强调管理组织等级分明，强调业务"大而全"，难以适应市场和产品的多样化需求。而当前的互联网思维强调开放、协作与分享，要求减少企业管理的内部层级结构，在产业分工中注重专业化与精细化，企业的生产组织更富有柔性和创造性。

　　在企业资源配置方面，受信息技术影响，制造业全球化的步伐加快，生产和流通方式、贸易领域发生了巨大变化，企业通过网络将价值链与生产过程分解到不同国家和地区，技术研发、生产及销售的多地区协作日趋加强。以宝马集团为例，在全球建设了 35 个大型采购仓储中心，并由 1900 家供应商为其提供零部件和相关服务，从而形成了相互协作、相互依存的利益共同体。

（4）从发展格局看，比较优势动态变化将重塑全球制造业版图。

传统认为：全球制造业发达国家掌握着世界制造业的发展方向和最核心的技术，是世界制造业技术发展方向的引领者；中国、印度、巴西等新兴国家生产成本相对较低，拥有巨大的消费市场，成为生产基地；拉美等处于工业化初期的国家，原材料丰富、工业基础薄弱、缺少技能工人，是原材料和能源的供应者。然而，随着新兴国家劳动力工资的提升、土地价格上涨等因素的不断影响，制造业生产成本的地区分布发生了明显变化。美国波士顿公司发布的《成本竞争力指数》报告中指出，中国、美国、韩国、英国和日本已经成为制造业成本最具竞争力的国家，到 2015 年，我国长三角地区的制造业成本仅比美国低 5% 左右（见图 1-5），未来的全球制造业分工格局将逐步进行调整。

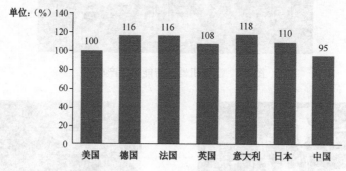

图 1-5　世界主要国家制造业成本比较

1.2.2　我国制造业面临的挑战

从新中国成立初期"大三线"建设，到 20 世纪 80 年代改革开放，我国制造业已经进入快车道，制造业规模跃居世界第一位，建立起门类齐全、独立完整的制造体系，成为支撑我国经济社会发展的重要基石和促进世界经济发展的重要力量。持续的技术创新，大大提高了我国制造业的综合竞争力。载人航天、载人深潜、大型飞机、北斗卫星导航、超级计算机、高铁装备、百万千瓦级发电装备、万米深海石油钻探设备等一批重大技术装备取得突破（见图 1-6），形成了若干具有国际竞争力的优势产业和骨干企业，我国已具备了建设工业强国的基础和条件。

图 1-6　近几十年中国制造业取得的引领全球的部分科技

然而，我国制造业仍处于工业化进程中，与发达国家相比还有较大差距。表现在：

（1）制造业大而不强，自主创新能力弱，关键核心技术与高端装备对外依存度高，以企业为主体的制造业创新体系不完善，仍处于全球制造业价值链低端。如手机处理器，大型客机发动机等核心部件还需依赖进口。

（2）产品档次不高，质量问题突出，缺乏世界知名品牌。

（3）资源能源利用效率低，环境污染问题较为突出，能耗排放、污染补偿压力巨大。2014 年，我国二氧化碳排放量为 97.6 亿吨，占全球排放量的 27%，已超过美国和欧盟总排放量（97 亿吨），为全球二氧化碳排放量最大的国家。按哥本哈根中国减排目标，到 2020 年，我国单位国内生产总值二氧化碳排放比已经下降到 2005 年的 40%～45%，见表 1-1，但依然任重道远。

表 1-1　2020 年我国二氧化碳排放量

年份	CO_2 排放量/万吨	吨 CO_2/万元 GDP
2005	536590	2.90
2006	667657	2.13
2015	994730	1.87
2020	1099790	1.41

（4）产业结构不合理，高端装备制造业和生产性服务业发展滞后，产业升级压力大。

（5）信息化水平不高，与工业化融合深度不够。

（6）产业国际化程度不高，企业全球化经营能力不足。

1.3　世界各国制造业发展计划

由于全球经济形势持续低迷，世界各国纷纷意识到实体经济尤其是制造业在创造就业、拉动增长等方面的重要作用。欧美等发达国家为抢占世界经济和科技发展的先机，纷纷推行相应战略，重振本国制造业。

1. 德国的"工业 4.0"计划

德国著名的"工业 4.0"计划则是一项全新的制造业提升计划，其模式是由分布式、组合式的工业制造单元模块，通过工业网络宽带、多功能感知器件，组建多组合、智能化的工业制造系统。德国学术界和产业界认为，前三次工业革命的发生分别源于机械化、电力和信息技术，而物联网和制造业服务化迎来了以智能制造为主导的第四次工业革命。德国"工业 4.0"从根本上重构了包括制造、工程、材料使用、供应链和生命周期管理在内的整个工业流程。

2. 美国的"再工业化"计划

美国的"再工业化"计划是通过政府的协调规划实现传统工业的改造与升级和新兴工业的发展与壮大，使产业结构朝着具有高附加值、知识密集型和以新技术创新为特征的产业结构转换，它主要针对 21 世纪以来美国经济"去工业化"所带来的虚拟经济过度、实体经济衰落、国内产业结构空洞化等现实情况。该计划要实现的目标是重振实体经济，增强国内企业竞争力，增加就业机会；发展先进制造业，实现制造业的智能化；保持美国制造业价值链上的高端位置和全球控制者地位。

3. 日本的"创新 25 战略"计划

日本于 2006 年 10 月提出了"创新 25 战略"计划。该战略计划目的是在全球大竞争时代，通过科技和服务创造新价值，提高生产力，促进日本经济的持续增长。"智能制造系统"是该计划中的核心理念之一，主要包括实现以智能计算机部分替代生产过程中人的智能活动，通过虚拟现实技术集成设计与制造过程实现虚拟制造，通过数据网络实现全球化制造，开发自律化、协作化的智能加工系统等。

4. 英国的"高价值制造"战略

英国启动的"高价值制造"战略意在重振本国制造业，从而达到拉动整体经济发展的目标。英国政府配套了系列资金扶持措施，保证高价值制造成为英国经济发展的主要推动力，促进企业实现从设计到商业化整个过程的智能制造水平，主要政策包括：（1）在高价值制造创新方面的直接投资翻番，每年约 5000 万英镑；（2）使用 22 项"制造业能力"标准作为智能制造领域投资依据；（3）开放知识交流平台，包括知识转化网络、知识转化合作伙伴、特殊兴趣小组、高价值制造弹射创新中心等，帮助企业整合智能制造技术，打造世界一流的产品、过程和服务。

5. 韩国的"数字经济"国家战略

韩国提出了"数字经济"国家战略来应对智能制造的国际化浪潮。在该战略的指导下，韩国政府制定了国家制造业电子化计划，建立了制造业电子化中心。2009 年 1 月，韩国政府发布并启动实施《新增长动力规划及发展战略》，确定三大领域（绿色技术产业领域、高科技融合产业领域和高附加值服务产业领域）17 个产业作为重点发展的新增长动力。2011 年，韩国国家科技委员会审议通过了《国家融合技术发展基本计划》，决定划拨 1.818 万亿韩元（约合 109 亿元人民币）用于推动发展"融合技术"。韩国政府不遗余力地加快推动智能制造技术的培育和发展，高度重视传统支柱产业的高附加值化，在工业新浪潮中占领高地。

6. 印度的"印度制造"计划

印度工业发展一直受到制造能力不足、制造业商品质量低下的困扰。2004 年 9 月，印度宣布组建"国家制造业竞争力委员会"，专职负责推动制造业的快速及持续发展。2011 年，印度商工部发布《国家制造业政策》，进一步明确要加强印度制造业的智能化水平。2014 年 9 月，印度启动了"印度制造"计划，提出未来要将印度打造成新的"全球制造中心"。"印度制造"的核心领域就是智能制造技术的广泛应用，特别是结合印度本国高度先进的软件产业基础，在智能制造流程管理等领域具有一定的发展优势。

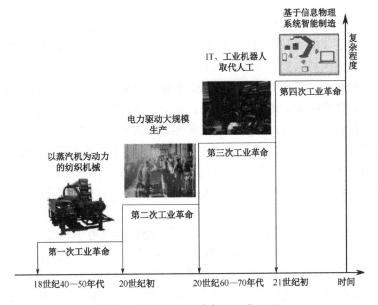

第2章

智能制造战略
——"工业 4.0"与中国智能制造

2.1 "工业 4.0"

2.1.1 "工业 4.0"产生背景[①②]

"工业 4.0"是相对于工业 1.0、工业 2.0 和工业 3.0 而言的，从工业 1.0 到 3.0 分别代表人类已经历的三次工业革命，如图 2-1 所示。

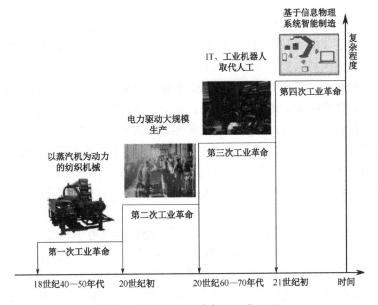

图 2-1 三次工业革命与"工业 4.0"

---

① 张特先，邢昕．"工业 4.0"的起源与发展探讨[J]．管理工程，2016（10）：140．
② 王旭．关于德国"工业 4.0"的分析概述[J]．航空制造技术，2015（21）：43-50．

7

工业 1.0 称之为机械制造时代，时间大概是 18 世纪 60 年代至 19 世纪中后期，这一期间主要通过蒸汽机和水力解决生产问题，人力被大大解放，从此人类经济社会的重心逐渐转移到工业和机械制造业上来。

工业 2.0 称之为电气化和自动化时代，从 19 世纪末至 20 世纪初，那时电力的出现给工业发展带来了新希望，因为有了电力，工业有机会进入大规模生产时代，实现了人类历史上的一大突破。

工业 3.0 称之为电子信息化时代，从 20 世纪 70 年代开始一直延续至今，世界各国不断探索电子与信息技术，以实现制造业的完全自动化目标，其中以 PLC（可编程逻辑控制器）和 PC 的应用为标志，机器逐步替代人的大部分体力劳动和部分脑力劳动。

人类进入 21 世纪后，互联网的强势来袭对于工业生产来说是一大挑战。众所周知，经济社会当中客户与生产者双方互利共赢，但各自掌握的信息是不对称的。由于成本和时间限制，生产厂商无法了解每一个客户的需求，往往只能满足多数人的需求。互联网改变了这一局面，它改变了以往人与人、人与厂商之间的相互关系，二者通过低成本的连接，从而放大广大人群的个性需求。在互联网这座大山的压迫下，传统工业必须进行改革，即快速、小批量、定制化的生产，这也催生了新的工业时代的到来。人与物互联，物与物互联，必须需要新的通信协议，通过掌握物联网和服务互联网对生产环节的影响，实现完全自动化和完全信息化的目标。

在这样背景下，德国人率先意识到产品缺乏"智能"与"交流"等生产性问题，并提出在德国坚实的制造业基础上与先进的智能生产技术相结合，这便是"工业 4.0"的雏形。

2.1.2 德国"工业 4.0"出台过程

作为升级版工业体系，德国"工业 4.0"的提出与发展大致分为三个阶段。

（1）德国"工业 4.0"问世。2011 年由德国工业—科学研究联盟提出的"工业 4.0"是一项高科技计划，德国将它视作基于信息通信技术和网络空间虚拟系统——信息物理系统（Cyber-Physical System，CPS）的第四次工业革命。同年 4 月，德国人工智能研究中心的 Wolfgang Wahlster 教授首次公开"工业 4.0"的概念，其目的是为了提高德国工业的竞争力，在新一轮工业革命中占领先机。随后这一概念得到国内学术界和产业界的广泛认同。

（2）德国"工业 4.0"成形。2012 年 1 月在德国政府的支持下，德国正式成立"工业 4.0"工作组，集中火力为这一项目的实施起草全面综合性战略意见。2013 年 9 月工作组发表了一篇名为《保障德国制造业的未来：关于实施"工业 4.0"战略的建议》的报告，这份报告标志着德国"工业 4.0"正式成形。

（3）德国"工业 4.0"标准化。2013 年 12 月，德国电气电子和信息技术协会（VDE）发布了德国首个"工业 4.0"标准化路线图，标志着"工业 4.0"已全面进入战略落地实施阶段。与此同时，德国西门子等公司也同步开展了数字化工厂的全球布局和实验性建设。在大众创业、万众创新的时代背景下，"工业 4.0"作为德国《国家高技术战略 2020》十大重点项目之一，承载着德国工业未来的发展目标。这一概念提出以后，立即引发了各国产业界和科技界的广泛关注，它将推动德国乃至世界制造业的转型，所以称"工业 4.0"是全球时代性的革命，不久的未来，世界各国都将做好准备工作，全面迈向"工业 4.0"。

2.1.3 "工业 4.0"概念

综上所述,"工业 4.0"是德国和欧洲生产模式变革的产物。德国学术界和产业界认为,"工业 4.0"是以智能制造为主导的第四次工业革命或革命性的生产方法,旨在通过充分利用信息物理系统(CPS),将制造业向智能化转型。德国实施"工业 4.0"战略的首要目标是确保德国和欧洲工业在全球供应链竞争中保持领先,建立一个高度灵活的个性化和数字化的产品与服务的生产模式。在这种模式中,传统的行业界限将消失,并会产生各种新的活动领域和合作形式。创造新价值的过程正在发生改变,产业链分工将被重组。

2.2 德国"工业 4.0"战略简介

2.2.1 德国"工业 4.0"战略价值

1. 满足用户的个性化需求

"工业 4.0"能够在设计、配置、排序、规划、制造和运行等阶段中纳入个性化的、用户特定的标准,并能够合并最后的修改。通过"工业 4.0",即使生产一次性项目和极小的生产量(批量大小为一)也可以实现获利。

2. 灵活性

基于 CPS 的特别网络,使业务流程的不同方面(如质量、时间、任务、稳健性、价格和生态友好性)实现动态配置。这有助于材料和供应链的持续"调整"。这也意味着工程流程能够变得更加灵活,制造流程可以被改变,暂时性短缺(如由于供应问题)能够被弥补,并且在短时间内实现产量的大幅提高。

3. 优化决策

为了在全球市场获得成功,采取正确的决策(往往在没有事先通知的情况下)变得越来越重要。"工业 4.0"能够提供实时的、端到端的透明度,使工程领域的设计决策得到提早验证,并且能够对损坏做出更加灵活的反应,同时对生产领域中一家公司的所有工厂进行全局优化。

4. 资源生产率和效率

工业生产流程的首要战略目标仍然适用于"工业 4.0":用定量的资源实现最高的产量(资源生产率)和用最少的资源实现特定的产量(资源效率)。CPS 使制造流程在个案基础上实现整个价值网络的优化。此外,无须停止生产,系统能够在生产期间对资源和能源消耗进行持续优化,减少其排放量。

5. 通过新服务创造价值机遇

"工业 4.0"为价值创造提供了新途径,也促成了就业的新形式。比如,智能算法能通

过智能设备用于大量的不同数据（即大数据），从而产生新型的服务。这对于为"工业4.0"开发B2B服务的中小企业和初创型企业而言，是个巨大的机遇。

6. 应对劳动力的人口结构变化

连同工作组织和能力发展计划，人类和技术系统的交互合作将为企业提供将人口结构变化转变为其优势的新途径。面对技术劳动力的短缺和日益多元化（年龄、性别、文化背景等），"工业4.0"将促成多样的、灵活的职业道路，使人们能够持续工作，并在更长的一段时间内保持生产力。

7. 生活和工作的平衡

应用CPS将使公司的工作组织形式变得更加灵活，这意味着公司能够更好地满足员工对于平衡工作和个人生活、个人发展和持续职业发展的需求。比如，智能辅助系统提供了一个灵活性的新标准，在满足公司要求的同时也能够满足员工的个人需求，从而为工作的组织提供了新机遇。随着劳动力规模的下降，该系统将在招募最佳员工的时候使CPS公司获得更多优势。

8. 高工资经济仍拥有竞争力

"工业4.0"的双重策略将使国家、企业增强其作为领先供应商的地位，并使其成为"工业4.0"解决方案的领先市场。

2.2.2 德国"工业4.0"战略内容

1. 德国"工业4.0"一个核心

互联网＋制造业，将信息物理融合系统（CPS）广泛深入地应用于制造业，构建"智能工厂"、实现"智能生产"。"智能工厂"重点研究智能化生产系统及过程，以及网络化分布式生产设施的实现；"智能生产"主要涉及整个企业的生产物流管理、人机互动，以及3D技术在工业生产过程中的应用等。

2. 德国"工业4.0"双重策略

第一，领先的供应商策略。设备供应商提供制造业与世界领先的技术解决方案同信息技术提供的新潜力融合在一起，成为"智能生产"设备的主要供应者，并在产品的开发、生产和国际营销方面处于有利地位。

第二，领先的市场策略。设计并实施一套全面的知识和技术转化方案，引领市场发展。

3. 德国"工业4.0"三大集成

（1）通过价值网络实现横向集成。研究物理网络系统如何支持企业的商务战略、新价值网络及新商业模式。如图2-2所示。

（2）横跨整个价值链工程端到端数字集成。通过工程过程实现端对端数字整合，以达到产品整个价值链数字世界和真实世界的整合，同时满足客户的需求。如图2-3所示。

（3）垂直集成与网络化的制造系统。研究物理网络系统如何创造灵活和可重构的制造系统。如图2-4所示。

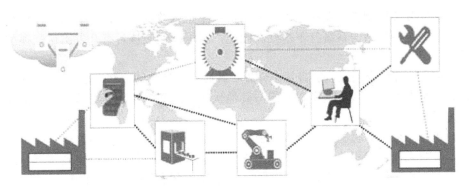

图 2-2　通过价值网络实现横向集成

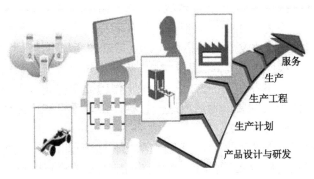

图 2-3　横跨价值链的端到端数字集成

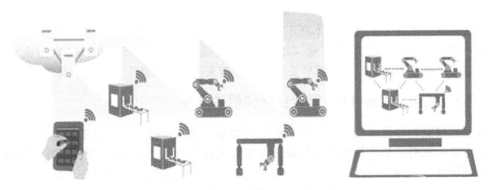

图 2-4　垂直集成与网络化的制造系统

4. 德国"工业 4.0"四个特征

一是生产可调节，可自我调节以应对不同形势；二是产品可识别，可以在任何时候把产品分辨出来；三是需求可变通，可以根据临时的需求变化而改变设计、构造、计划、生产和运作，并且仍有获利空间；四是过程可监测，可以实时针对商业模式全过程进行监测。

5. 德国"工业 4.0"八大措施

（1）实现技术标准化和开放标准的参考体系。"工业 4.0"会涉及互联网，并通过价值网络集成几家不同的公司。如果开发出一揽子共同标准，这种合作伙伴关系将成为可能。由此，需要一个参考架构来描述这些标准，并促进它们的实现。

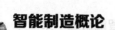
（2）建立复杂模型管理系统。生产和制造系统正日益变得复杂，适当的计划和解释性模型能为管理这些复杂的系统打下基础。因此，工程师们应该备有开发出这些模型的方法和工具。

（3）建立一套综合的工业宽带基础设施。高质量的综合通信网络是"工业 4.0"的关键要求。无论是在本国国内，还是在本国与其他伙伴国之间，宽带网络基础设施都因此需要进一步大规模拓展。

（4）建立安全保障机制。安全和安保对智能制造系统的成功至关重要。确保生产设施和产品本身对人或环境不造成任何危险，这点非常重要。同时，生产设施和产品，尤其是它们所包含的数据和信息，都需要加以保护，防止被滥用和未经授权的访问。

（5）创新工作组织和设计方式。在智能工厂，雇员的角色将发生引人注目的改变。越来越多的实时导向控制，将改变工作内容、工作流程和工作环境。工作组织以一种"社会—技术"方法实现，将为员工提供承担重大责任和促进个人发展的机会。这一旦成为现实，部署合作的工作设计、终身学习的措施，以及启动参考模型课题将变得尤为重要。

（6）加强培训和持续职业教育。"工业 4.0"将从根本上改变人们的工作和专业能力。实施适当的培训策略，并培养学习的方式，组织工作因此变得尤为必要，可借此实现终身学习和基于工作地点的个人发展。为达成这一目标，示范项目和"最佳实践网络"应该推广，数字化学习技术也应投入研究。

（7）建立监管制度。在"工业 4.0"下建立新的制造流程和横向业务网络架构时，必须遵守法律。现有法律也同样应在需要时，考虑到创新的影响进行调整。面临的挑战包括保护企业数据、责任问题、处理个人数据和贸易限制。这将不仅对立法，也对其他有商业性质的活动提出了要求。

（8）实现资源效率。撇开成本高不说，仅制造业在原材料和能源上的大量消耗就给环境和安全供应带来诸多风险。"工业 4.0"将带来资源生产力和效率的提高。对企业来说，权衡"需要投资在智能工厂中的额外资源"与"带来的潜在节约"之间的利弊非常必要。

2.2.3 德国"工业 4.0"设计目标和相关技术

现有的控制和信息系统难以实现智能化的要求。德国根据自身在装备制造业和生产线自动化方面的优势，从产品的制造端提出了智能化转型方案，其核心是利用物联网和信息物理系统等技术，为生产过程中的每个环节建立信息化的连接，实现设备、制程、订单、生产、计划设计、排程、人力资源管理、供应链、库存、分销、公司资产管理等一系列环节的整合和信息的高度透明。为此，德国"工业 4.0"体系针对生产过程中的各个环节制定了相应的目标和核心技术，见表 2-1。

表 2-1 德国"工业 4.0"设计目标和相关技术

对象	客户要求	商业流程	生产过程	产品	设备	人员	供应链
目标	定制化、可重构的生产线	动态快速响应	透明化	生产流程的可追溯	相互连接、监控、自动化	高效配置	按需配给、接近零库存
技术	3D 打印、智能加工设备	ERP 系统	生产线监且、可视化	RFID、产品数据库	监控系统、PLC 监控、实时监控技术	人员追溯和通信系统	供应链管理系统

2.2.4 德国"工业 4.0"经典案例

1. 德国安贝格西门子智能工厂

作为"工业 4.0"概念的提出者，德国也是第一个实践智能工厂的国家。位于德国巴伐利亚州东部城市安贝格的西门子工厂是目前业界公认最接近"工业 4.0"雏形的工厂。该工厂占地 10 万平方米的厂房内，员工仅有 1000 名，近千个制造单元仅通过互联网进行联络，大多数设备都在无人力操作状态下进行挑选和组装。最令人惊叹的是，在安贝格工厂中，每 100 万件产品中，次品约为 15 件，庞大的生产线的可靠性达到 99.9988%，追溯性更是达到 100%。安贝格工厂参考"工业 4.0"标准模型，率先搭建一个包含横向与纵向信息技术融合的完整架构，涵盖"工业 4.0"关键技术要素，还包括产品的生命周期及生产周期，最大程度实现全自动化、个性化、弹性化、自我优化和提高生产资源效率、降低生产成本的全新生产方式。这样的智能工厂能够让产品完全实现自动化生产，堪称智能工厂的典范。如图 2-5 所示为德国安贝格西门子智能工厂。

图 2-5　德国安贝格西门子智能工厂

2. 德国博世洪堡工厂

博世洪堡工厂作为博世公司旗下智能工厂的代表，其生产线的特殊之处在于，所有零件都有一个独特的射频识别码，或者说是"身份证"，能同沿途关卡自动"对话"。每经过一个生产环节，读卡器会自动读出相关信息，反馈到控制中心进行相应处理，从而提高整个生产效率。在洪堡工厂引入的射频码系统需几十万欧元，但由于库存减少 30%，生产效率提高 10%，由此可节省上千万欧元的成本。独立的射频码给博世公司旗下工厂的 20 多条生产线带来了低成本高效率的回报。而这种让每个零件都能说话的技术，也是智能工厂的重要体现形式。如图 2-6 所示为博世力士乐德国洪堡液压阀"工业 4.0"生产线。

图 2-6　博世力士乐德国洪堡液压阀"工业 4.0"生产线

2.3 中国智能制造战略

智能制造是新一代信息技术与先进制造技术的深度融合，贯穿于产品、制造、服务全生命周期的各个环节及相应系统的优化集成，实现制造数字化、网络化、智能化，不断提升企业的产品质量、效益、服务水平，推动制造业创新、绿色、协调、开放、共享服务。目前，我国经济已由高速增长阶段进入高质量发展阶段，必须加快发展先进制造业，深化融合信息化和工业化，推进智能制造，推动制造业向数字化、网络化、智能化发展。自我国实施智能制造战略以来，智能制造表现出良好、强劲的发展势头，企业对智能制造具有强烈的需求，这也为我国制造业跨越式发展提供了历史性机遇。可以认为，智能制造是我国制造业创新发展的主要抓手，是我国制造业转型升级的主要途径，要坚持把智能制造作为建设制造强国的主攻方向，实现制造业由大变强的历史跨越。

2.3.1 中国智能制造战略目标、方针与路径

1. 战略目标

智能制造在其演进发展过程中，可以总结归纳为三个阶段，即：数字化制造——第一代智能制造、数字网络化制造——第二代智能制造、数字网络智能化制造——新一代智能制造。结合国情，我国智能制造主要分两步走。

第一步，到 2025 年，数字化、网络化制造在全国得到大规模推广应用，新一代智能制造在重点领域示范取得显著效果，并在部分企业推广使用。

第二步，到 2035 年，新一代智能制造在全国制造业实现大规模推广应用，智能制造技术和应用水平走在世界前列，实现中国制造业的转型升级；制造业总体水平达到世界先进水平，部分领域处于世界领先水平，为 2045 年我国建成世界领先的制造强国奠定坚实的基础。

2. 战略方针

我国智能制造发展坚持"需求牵引、创新驱动、因企制宜、产业升级"的战略方针，持续有力地推动制造业实现智能转型。

3. 发展路径

战略层面路径：总体规划、重点突破、分步实施、全面推进。

战术层面路径：探索、试点、推广普及。

组织层面路径：营造"用产学研金政"协同创新的生态系统，实施有组织的创新。

2.3.2 中国智能制造战略主要工程

中国智能制造战略五大工程包括：制造业创新中心建设工程、智能制造工程、工业强基工程、绿色制造工程和高端装备创新工程。其中核心工程是智能制造工程。

1. 制造业创新中心（工业技术研究基地）建设工程

围绕重点行业转型升级和新一代信息技术、智能制造、增材制造、新材料、生物医药等领域创新发展的重大共性需求，形成一批制造业创新中心（工业技术研究基地），重点开展行业基础和共性关键技术研发、成果产业化、人才培训等工作。制定完善制造业创新中心遴选、考核、管理的标准和程序。

到2020年，重点形成15家左右制造业创新中心（工业技术研究基地），力争到2025年形成40家左右制造业创新中心（工业技术研究基地）。

2. 智能制造工程

紧密围绕重点制造领域关键环节，开展新一代信息技术与制造装备融合的集成创新和工程应用。支持政产学研用联合攻关，开发智能产品和自主可控的智能装置并实现产业化。依托优势企业，紧扣关键工序智能化、关键岗位机器人替代、生产过程智能优化控制、供应链优化，建设重点领域智能工厂/数字化车间。在基础条件好、需求迫切的重点地区、行业和企业中，分类实施流程制造、离散制造、智能装备和产品、新业态新模式、智能化管理、智能化服务等试点示范及应用推广。建立智能制造标准体系和信息安全保障系统，搭建智能制造网络系统平台。

用5年时间，制造业重点领域智能化水平显著提升，试点示范项目运营成本降低30%，产品生产周期缩短30%，不良品率降低30%。到2025年，制造业重点领域全面实现智能化，试点示范项目运营成本降低50%，产品生产周期缩短50%，不良品率降低50%。

3. 工业强基工程

开展示范应用，建立奖励和风险补偿机制，支持核心基础零部件（元器件）、先进基础工艺、关键基础材料的首批次或跨领域应用。组织重点突破，针对重大工程和重点装备的关键技术和产品急需，支持优势企业开展政产学研用联合攻关，突破关键基础材料、核心基础零部件的工程化、产业化瓶颈。强化平台支撑，布局和组建一批"四基"研究中心，创建一批公共服务平台，完善重点产业技术基础体系。

5年内，40%的核心基础零部件、关键基础材料实现自主保障，受制于人的局面逐步缓解，航天装备、通信装备、发电与输变电设备、工程机械、轨道交通装备、家用电器等产业急需的核心基础零部件（元器件）和关键基础材料的先进制造工艺得到推广应用。到2025年，70%的核心基础零部件、关键基础材料实现自主保障，80种标志性先进工艺得到推广应用，部分达到国际领先水平，建成较为完善的产业技术基础服务体系，逐步形成整机牵引和基础支撑协调互动的产业创新发展格局。

4. 绿色制造工程

组织实施传统制造业能效提升、清洁生产、节水治污、循环利用等专项技术改造。开展重大节能环保、资源综合利用、再制造、低碳技术产业化示范。实施重点区域、流域、行业清洁生产水平提升计划，扎实推进大气、水、土壤污染源头防治专项。制定绿色产品、绿色工厂、绿色园区、绿色企业标准体系，开展绿色评价。

5年内，建成千家绿色示范工厂和百家绿色示范园区，部分重化工行业能源资源消耗出现拐点，重点行业主要污染物排放强度下降20%。到2025年，制造业绿色发展和主要产品

单耗达到世界先进水平，绿色制造体系基本建立。

5. 高端装备创新工程

组织实施大型飞机、航空发动机及燃气轮机、民用航天、智能绿色列车、节能与新能源汽车、海洋工程装备及高技术船舶、智能电网成套装备、高档数控机床、核电装备、高端诊疗设备等一批创新和产业化专项、重大工程。开发一批标志性、带动性强的重点产品和重大装备，提升自主设计水平和系统集成能力，突破共性关键技术与工程化、产业化瓶颈，组织开展应用试点和示范，提高创新发展能力和国际竞争力，抢占竞争制高点。

5年内，上述领域实现自主研制及应用。到2025年，自主知识产权高端装备市场占有率大幅提升，核心技术对外依存度明显下降，基础配套能力显著增强，重要领域装备达到国际领先水平。

2.3.3　中国智能制造战略主要任务

（1）提高国家制造业创新能力。我国制造业的巨大规模和低成本的传统优势并不能成为企业发展的不竭动力，只有技术进步的自持和自主创新能力的培育才能给企业带来持久的竞争优势。

（2）推进信息化与工业化深度融合。两化深度融合是指信息化与工业化在更大的范围、更细的行业、更广的领域、更高的层次、更深的应用、更多的智能方面实现彼此交融。

（3）强化工业基础能力。工信部将继续开展工业强基专项行动，完善政策措施，加大工作力度，持续提升工业基础能力，加快促进工业转型升级。

（4）加强质量品牌建设。加强质量品牌建设，质量品牌战略是提高工业发展质量和效益的重要抓手和有效举措。质量竞争力指数已纳入制造强国指标体系。

（5）全面推行绿色制造。工信部将全面推进钢铁、有色、化工、建材、造纸、印染等传统制造业绿色化改造，降低重点行业能耗，提高产品制造效率。

（6）大力推动重点领域突破发展。发展先进轨道交通装备、节能与新能源汽车、电力装备、新材料、生物医药及高性能医疗器械、农业机械装备等重点领域。

（7）深入推进制造业结构调整。产业结构调整是未来十年中国经济"新常态"形成的重要根基。只有顺应全球产业发展趋势，把握关键性行业，形成产业优势，力争有所突破，才能在未来世界政治经济格局中具有竞争力。

（8）积极发展服务型制造和生产性服务业。通过"制造服务化"和"服务型制造"模式的变革，促进生产环节向高附加值的两端延伸，从而增强制造企业的盈利能力和更好更丰富地满足消费者的喜好。

（9）提高制造业国际化发展水平。一是重视标准的制定，争取国际话语权；二是努力增加高质量高附加值的产品；三是重视自主创新，发展核心技术；四是重视人力资本，提高劳动者素质。

2.3.4　中国智能制造战略十大重点领域

1. 新一代信息技术产业

关键词：4G/5G通信、IPv6、物联网、云计算、大数据、三网融合、平板显示、集成电路、传感器。

新一代信息技术分为六个方面，分别是下一代通信网络、物联网、三网融合、新型平板显示、高性能集成电路和以云计算为代表的高端软件。

集成电路及专用装备。着力提升集成电路设计水平，不断丰富知识产权（IP）和设计工具，突破关系国家信息与网络安全及电子整机产业发展的核心通用芯片，提升国产芯片的应用适配能力。掌握高密度封装及三维（3D）微组装技术，提升封装产业和测试的自主发展能力。形成关键制造装备供货能力。

信息通信设备。掌握新型计算、高速互联、先进存储、体系化安全保障等核心技术，全面突破第五代移动通信（5G）技术、核心路由交换技术、超高速大容量智能光传输技术、"未来网络"核心技术和体系架构，积极推动量子计算、神经网络等发展。研发高端服务器、大容量存储、新型路由交换、新型智能终端、新一代基站、网络安全等设备，推动核心信息通信设备体系化发展与规模化应用。

操作系统及工业软件。开发安全领域操作系统等工业基础软件。突破智能设计与仿真及其工具、制造物联与服务、工业大数据处理等高端工业软件核心技术，开发自主可控的高端工业平台软件和重点领域应用软件，建立完善工业软件集成标准与安全测评体系。推进自主工业软件体系化发展和产业化应用。

2. 高档数控机床和机器人

关键词：五轴联动机床、数控机床、机器人、智能制造。

将高档数控机床和机器人合在一起，从原先的高端装备制造业总类别中分离出来。

高档数控机床。开发一批精密、高速、高效、柔性数控机床与基础制造装备及集成制造系统。加快高档数控机床、增材制造等前沿技术和装备的研发。以提升可靠性、精度保持性为重点，开发高档数控系统、伺服电机、轴承、光栅等主要功能部件及关键应用软件，加快实现产业化。加强用户工艺验证能力建设。

机器人。围绕汽车、机械、电子、危险品制造、国防军工、化工、轻工等工业机器人、特种机器人，以及医疗健康、家庭服务、教育娱乐等服务机器人应用需求，积极研发新产品，促进机器人标准化、模块化发展，扩大市场应用。突破机器人本体、减速器、伺服电机、控制器、传感器与驱动器等关键零部件及系统集成设计制造等技术瓶颈。

3. 航空航天装备

关键词：大飞机、发动机、无人机、导航系统、运载火箭、航空复合材料、空间探测器。

以市场为主线，组织航空研发、产业化、市场服务发展，重点突破发动机关键技术和装备，空中管理系统和先进发展能力。

航空装备。加快大型飞机研制，适时启动宽体客机研制，鼓励国际合作研制重型直升机；推进干支线飞机、直升机、无人机和通用飞机产业化。突破高推重比、先进涡桨（轴）发动机及大涵道比涡扇发动机技术，建立发动机自主发展工业体系。开发先进机载设备及系统，形成自主完整的航空产业链。

航天装备。发展新一代运载火箭、重型运载器，提升进入空间能力。加快推进国家民

用空间基础设施建设，发展新型卫星等空间平台与有效载荷、空天地宽带互联网系统，形成长期持续稳定的卫星遥感、通信、导航等空间信息服务能力。推动载人航天、月球探测工程，适度发展深空探测。推进航天技术转化与空间技术应用。

4. 海洋工程装备及高技术船舶

关键词：海洋作业工程船、水下机器人、钻井平台。

大力发展深海探测、资源开发利用、海上作业保障装备及其关键系统和专用设备。推动深海空间站、大型浮式结构物的开发和工程化。形成海洋工程装备综合试验、检测与鉴定能力，提高海洋开发利用水平。突破豪华邮轮设计建造技术，全面提升液化天然气船等高技术船舶国际竞争力，掌握重点配套设备集成化、智能化、模块化设计制造核心技术。

5. 先进轨道交通装备

关键词：高铁、铁道及点车道机车。

掌握系统集成和关键核心技术，提升关键零部件制度化水平，打造具有国际竞争优势的轨道交通装备产业。加快新材料、新技术和新工艺的应用，重点突破体系化安全保障、节能环保、数字化"智能化"网络化技术，研制先进可靠适用的产品和轻量化、模块化、谱系化产品。研发新一代绿色智能、高速重载轨道交通装备系统，围绕系统全寿命周期，向用户提供整体解决方案，建立世界领先的现代轨道交通产业体系。

6. 节能与新能源汽车

关键词：新能源汽车、锂电池、充电桩。

加快培育和发展新能源汽车产业，推动汽车动力系统电动化转型。大力推广普及节能汽车，促进汽车产业技术升级。继续支持电动汽车、燃料电池汽车发展，掌握汽车低碳化、信息化、智能化核心技术，提升动力电池、驱动电机、高效内燃机、先进变速器、轻量化材料、智能控制等核心技术的工程化和产业化能力，形成从关键零部件到整车的完整工业体系和创新体系，推动自主品牌节能与新能源汽车同国际先进水平接轨。

7. 电力装备

关键词：光伏、风能、核电、智能电网。

构建上下游协同的产能合作链条，注重技术交流，做好后期维护服务，做到装备走出去与配套服务共推进，产能合作和技术升级双丰收。推动大型高效超净排放煤电机组产业化和示范应用，进一步提高超大容量水电机组、核电机组、重型燃气轮机制造水平。推进新能源和可再生能源装备、先进储能装置、智能电网用输变电及用户端设备发展。突破大功率电力电子器件、高温超导材料等关键元器件和材料的制造及应用技术，形成产业化能力。

8. 农机装备

关键词：拖拉机、联合收割机、收获机、采棉机、喷灌设备、农业航空作业。

目前中国劳动力成本越来越高，国家提出新的制造业发展战略，大力发展机器人和农业机械等，可以解决劳动力短缺的问题。重点发展粮、棉、油、糖等大宗粮食和战略性经济作物育、耕、种、管、收、运、储等主要生产过程使用的先进农机装备，加快发展大型拖拉机及其复式作业机具、大型高效联合收割机等高端农业装备及关键核心零部件。提高农机装备信息收集、智能决策和精准作业能力，推进形成面向农业生产的信息化整体解决方案。

9. 新材料

关键词：新型功能材料、先进结构材料、高性能复合材料。

包括新材料及其相关产品和技术装备。具体涵盖新材料本身形成的产业；新材料技术及其装备制造业；传统材料技术提升的产业等。以特种金属功能材料、高性能结构材料、功能性高分子材料、特种无机非金属材料和先进复合材料为发展重点，加快研发先进熔炼、凝固成型、气相沉积、型材加工、高效合成等新材料制备关键技术和装备，加强基础研究和体系建设，突破产业化制备瓶颈。积极发展军民共用特种新材料，加快技术双向转移转化，促进新材料产业军民融合发展。高度关注颠覆性新材料对传统材料的影响，做好超导材料、纳米材料、石墨烯、生物基材料等战略前沿材料提前布局和研制。加快基础材料升级换代。

10. 生物医药及高性能医疗器械

关键词：基因工程药物、新型疫苗、抗体药物、化学新药、现代中药；CT、超导磁共振成像、X 射线机、加速器、细胞分析仪、基因测序。

发展针对重大疾病的化学药、中药、生物技术药物新产品，重点包括新机制和新靶点化学药、抗体药物、抗体药物偶联物、全新结构蛋白及多肽药物、新型疫苗、临床优势突出的创新中药及个性化治疗药物。提高医疗器械的创新能力和产业化水平，重点发展影像设备、医用机器人等高性能诊疗设备，全降解血管支架等高值医用耗材，可穿戴、远程诊疗等移动医疗产品。实现生物 3D 打印、诱导多能干细胞等新技术的突破和应用。

2.4 从德国"工业 4.0"到中国智能制造

2.4.1　德国"工业 4.0"与中国智能制造战略比较

1. 相似处

（1）均是应对全球竞争之国家战略。中国智能制造战略与德国"工业 4.0"，都是在新一轮科技革命和产业变革背景下，针对制造业发展提出的重要战略举措。无论是"工业 4.0"还是中国智能制造战略，其出发点皆是为了应对新一轮工业革命和全球化竞争，提升国家综合竞争力。

（2）均以制造业作为立国强国之根基。"工业 4.0"的提出，充分体现了制造业在德国整体发展战略中的重要地位和基础性作用；中国智能制造战略则旨在打造具有国际竞争力的制造业，以提升我国综合国力、保障国家安全，实现由制造大国向制造强国的转变。

（3）均以优秀技术人才队伍做支撑。任何一个国家要发展制造业，均需一支掌握良好专业技术和技能的职业技术人才队伍。如果没有一支优秀的制造人才队伍，即使再先进的技术，也将是"英雄无用武之地"。如果不能尽快对员工进行职业技术培训和再培养，将难以掌握高端制造业所需的工艺及技术诀窍，不论是"工业4.0"还是中国智能制造战略都将变成一纸空文。

2. 不同处

（1）战略的起点不同。两大战略的提出是基于两国不同的阶段和发展背景。德国"工业4.0"建立在已完全实现工业化并达到相当深度的雄厚工业基础之上，旨在借助"工业4.0"对现代的技术与现有的产业基础进行整合。相比之下，中国作为发展中国家，尚未真正实现工业化过程，基础工业的发展水平与德国差距很大，至少需要十年以上的时间，才能接近与德国加工深度相似的水准。

（2）工业发展的阶段不同。"工业4.0"通过网络技术来优化生产制造过程，实现制造业的智能化，主要聚焦于能够提高资源利用率的高端产业和产业链高端环节，是成功跨越"工业2.0"、"工业3.0"基础上的串行发展模式。相比之下，中国制造业仍处于"工业2.0"的后期阶段，面临着"工业2.0"要补课、"工业3.0"要普及、"工业4.0"要示范跟上的并行同步发展阶段。从2014年国家统计局相关数据来看，中国制造业增加值在全球总量的比重达到20.8%，制造业净出口额位居世界第一，中国已成为名副其实的"制造大国"。然而，由于工业基础相对薄弱，在基础工艺、基础材料和基础零部件等方面，与德国等发达国家相比差距很大，仍面临着质量低端及技术缺失等问题，而此类问题发达国家早在"工业2.0"时代就已得到解决，因此中国离"制造强国"仍有很大距离。

（3）战略定位与目标不同。由于两国经济发展情况不同，在制造业基础及发展阶段等方面均存在差异，战略定位与战略目标自然会有差异。"工业4.0"立足点并不是单纯提升某几个工业制造技术，而是从制造方式最基础层面上进行变革，从数字化向智能化迈进、实现智能化工厂和智能制造，最终目标是要实现德国由"制造强国"向"超级强国"的转变。相对于德国"工业4.0"，中国智能制造战略则强调的是在现有的工业制造水平和技术上，通过"互联网+"这种工具的应用，实现结构的变化和产量的增加，以创新驱动、结构优化、绿色发展、人才为本等为主，主要目标是实现由"制造大国"向"制造强国"的转变。

2.4.2 德国"工业4.0"对中国智能制造的启示

1. 积极迎接智能经济新时代

"工业4.0"将使人类－技术（human-technology）和人类－环境（human-environment）的相互作用发生全新转变。借助CPS系统，特别是互联网+，可以极大的提升人的智能。智能是把人的智慧和知识转化为一种行动能力。基于人类智慧、计算机网络和物理世界有机融合的经济具有更高的效率，这种效率是传统工业无法达到的，因而智能一旦出现，将以新的结构和形态取代传统工业，形成"智能经济"。在智能经济时代，智能环保、智能建筑、智能交通、智能医疗等，构成智能经济的不同领域；智能家庭、智能企业、智能城市、智能地区、智能国家、智能世界，构成智能社会的不同层面。在智能经济时代，全球经济一体化的整体性更加突出，市场主体相互之间内在联系更加紧密，社会经济系统对外更加开放。以智能工厂为特征的智能经济也很可能是工业经济发展的最高阶段。可以预料，世界的不平衡性将更加突出，竞争的形式将会改变，全球治理方式将有重大变化。

2. 积极探索中国特色工业化道路

我国还是一个发展中的国家，仍处于工业化进程中，落后与先进并存、传统与现代共生，需要积极探讨中国特色工业化道路，包括提升传统产业与培育新兴产业相结合、传统手工艺与先进制造业相结合、第一次工业化与第二次工业化相结合、信息化与工业化相结合。我国相当一个时期可能还需要同时推动"工业 2.0"、"工业 3.0"和"工业 4.0"，既要实现传统产业的转型升级，还要实现在高端领域的跨越式发展，建立既符合中国实际情况、又体现世界发展潮流的中国工业体系，为全面实现小康社会，实现现代化提供坚实和广宽的基础；既要考虑提高劳动生产率，又要考虑解决就业问题。

3. 正确认识发达国家再工业化中的中国制造业

在当前国际形势下，中国制造业面临三方面挑战：一方面来自高端挑战；另一方面来自低端挤压，如印度、越南、印尼等发展中国家可能以更低的劳动力成本承接劳动密集型产业的转移，抢占制造业的中低端，我国制造业在中低端广大市场的优势面临失去的危险；再一方面来自内部的困境。同时，中国制造业也迎来了三大机遇：首先是新的契机；其次是新的供需；再次是发达国家"去工业化"和"再工业化"为我们提供了经验教训。因此，中国制造业应该化挑战为机遇，可能要考虑"争两头，保中间"的战略规划格局，建立中国特色的现代产业体系。一方面是集中优秀力量，大力增强集成创新能力，培育原始创新能力，加快拥有一批核心关键技术，在一些重要的高端领域，争取一席之地；另一方面是继续争取在低端有一定份额，努力创造更多的就业机会。我们应该在长期底端基础上有所升级，全部升到高端是不现实的，升到中端应该是我们的主要选项。克服"中国制造"所面临的困境，成为国内外市场优良（中端）产品和服务的重要提供者。

4. 高度重视互联网+企业组织变革

"互联网+"是科技与经济的有机结合，在实施"互联网+"战略中，互联网+企业组织变革具有特别重要的意义，企业作为市场的重要主体和经济的细胞，除了利用互联网加强与市场的互联和联系、推动网络化协同制造和服务之外，还要下大功夫增强内生动力，焕发内部活力。如何利用信息技术改善重构生产要素，深化企业组织变革，创新生产方式，提升资产质量和服务功能，适应市场需求和变化，是一个影响中国智能制造战略全局性的问题。解答这个问题首先需要正确理解技术与组织的关系。技术结构与企业组织结构的关系是相互促进和相互构建的过程，特别是互联网技术将企业的消费者、供应商、合作者和企业员工等各种关系全部组织在计算机网络里，使信息的获取、处理、传递和应用变得高速便捷，必然要求企业的生产方式、管理模式和组织机构做相应的调整和变革。在这种情况下，只有深化企业组织变革，将互联网技术和企业生产方式紧密联合起来，形成有效的信息沟通反馈机制，才能实现技术与组织的良性互动，才能使互联网技术的发展为企业所需要，企业才能成为推动技术进步的主要力量。

5. 加强中国智能制造基础工作

我国对基础研究、基础培训、基础设施等方面的重要性有一定的认识和措施，但缺乏深度、缺乏核心、缺乏灵魂。一项大的战略，特别是涉及一个国家中长期发展的大战略，必须要有自己的系统、深厚的理论基础，必须要有自己的核心关键的创新技术，必须要有创新理念、勇于担当、能够解决问题的人才。

在基础研究和基础培训两方面，德国都有很多宝贵经验，值得我们学习。德国极为重视基础科学研究，以"高、精、尖"的理论知识作为参照依凭，针对基础研究制定了很多涉及细节与操作层面的任务目标，以最终改善德国科学基础研究的条件，持续提高德国的科研创新能力。同时，德国还注重战略协同机制的建设。例如，德国专门成立了"工业4.0"政府统一协调机构，并搭建了"工业4.0"平台；德国电子工业联合会、德国机械制造联合会及信息技术通信新媒体协会等三个专业协会共同组建了秘书处，主要负责研发推进优先主体项目的路线图。加强基础研究和基础培训可以考虑从基础设施建设着手。基础设施建设也是中国智能制造重要一部分内容。中国智能制造必须要有配套的基础设施和能够获得的相应材料。比较深入地研究分析中国制造基础设施工程，可以发现问题、解决问题、体现以问题为导向的创新研究思路，既有针对性地加强理论研究，又为中国制造提供基础条件。从目前情况看，很有必要梳理出中国制造重要基础设施名目，比如，宽带互联网基础设施、高效大容量数据基础设施、IT基础设施、统一的安全保障构架和独特的标识符等。在比较参考国际相应的先进基础设施基础之上，很有必要逐项制定中国制造基础设施项目的理论研究方案和工程建设方案，为中国智能制造夯实基础。

第3章

人工智能与智能制造及系统

智能制造离不开人工智能，人工智能广泛地应用于制造，使制造知识的获取、表示、存储和推理成为可能，推动了制造智能的发展与制造技术的智能化。

3.1 人 工 智 能

3.1.1 人工智能的概念

在"百度百科"中，智能指人的智慧和行动能力，从感觉到记忆到思维这一过程称为"智慧"，智慧的结果就产生了行为和语言，将行为和语言的表达过程称为"能力"，两者合称"智能"，将感觉、记忆、回忆、思维、语言、行为的整个过程称为智能过程，它是智力和能力的表现。

"人工智能"（Artificial Intelligence，AI）一词最初是在 1956 年 Dartmouth 学会上提出的。从那以后，研究者们发展了众多理论和原理，人工智能的概念也随之扩展。

从拟人思维的角度出发，"人工智能是一种使计算机能够思维，使机器具有智力的激动人心的新尝试。"（Haugeland，1985）；"人工智能是那些与人的思维、决策、问题求解和学习等有关活动的自动化。"（Bellman，1978）。

从拟人理性思维的角度出发，"人工智能是用计算模型研究智力行为。"（Charniak 和 McDermott，1985）；"人工智能是研究那些使理解、推理和行为成为可能的计算。"（Winston，1992）。

从拟人行为的角度出发，"人工智能是一种能够执行需要人的智能的创造性机器的技术。"（Kurzwell，1990）。

从拟人理性行为的角度出发，"人工智能是一门通过计算过程力图理解和模仿智能行为的学科。"（Schalkoff，1990）。

作为学科，人工智能是研究、开发用于模拟、延伸和扩展人的智能的理论、方法、技术及应用系统的一门新的技术科学。通俗地讲，人工智能就是要研究如何使机器具有能听、会说、能看、会写、能思维、会学习、能适应环境变化、能解决各种实际问题的一门学科。

人工智能是计算机科学的一个分支，它企图了解智能的实质，并生产出一种新的能以人类智能相似的方式做出反应的智能机器，研究包括机器人、语言识别、图像识别、自然语言处理和专家系统等。人工智能虽然是计算机科学的一个分支，但它的研究却不仅涉及计算机科学，而且还涉及脑科学、神经生理学、心理学、语言学、逻辑学、认知（思维）科学、行为科学、生命科学和数学，以及信息论、控制论和系统论等许多学科领域。人工智能从诞生以来，理论和技术日益成熟，应用领域也不断扩大，可以设想，未来人工智能带来的科技产品，将会是人类智慧的"容器"。

必须指出的是：人工智能不是人的智能，但能像人那样思考、也可能超过人的智能；人工智能不是搞出一个比人类还聪明的怪物来奴役人类，而是运用人工智能去解决问题，造福人类，就像100多年前的电气化一样，将人类现在绝大多数的职业为智能设备所取代。

3.1.2　人工智能的发展

人工智能的发展也并不是一帆风顺的，人工智能的研究经历了以下几个阶段。

1. 孕育阶段（20世纪50年代前）

古希腊的 Aristotle（亚里士多德）（公元前384—前322年），给出了形式逻辑的基本规律。英国的哲学家、自然科学家 Bacon（培根）（1561—1626年），系统地给出了归纳法，对人工智能转向以知识为中心的研究产生了重要影响。德国数学家、哲学家 Leibnitz（莱布尼兹）（1646—1716年），提出了关于数理逻辑的思想，把形式逻辑符号化，从而能对人的思维进行运算和推理。英国数学家、逻辑学家 Boole（布尔）（1815—1864年），做出了能做四则运算的手摇计算机（见图3-1），实现了莱布尼兹的思维符号化和数学化的思想，提出了一种崭新的代数系统——布尔代数。

图3-1　四则运算手摇计算机

2. 形成阶段（20世纪50年代—60年代）

20世纪50年代人工智能的兴起和冷落。1956是人工智能发展历史上值得纪念的一年，正式提出"人工智能"概念，标志着人工智能学科的诞生。人工智能概念首次提出后，相继出现了一批显著的成果，如机器定理证明、跳棋程序、通用问题求解程序、LISP 表处理语言等。但由于消解法推理能力有限，以及机器翻译等的失败，使人工智能走入了低谷。

这一阶段的特点是：重视问题求解的方法，忽视知识重要性。

60 年代末到 70 年代，专家系统出现，使人工智能研究出现新高潮。例如，1965 年费根鲍姆研究小组开始研制第一个专家系统——分析化合物分子结构的 DENDRAL，1968 年完成并投入使用；1972 年斯坦福大学肖特里菲等人开始研制用于诊断和治疗感染性疾病的专家系统 MYCIN；1976 年斯坦福研究所开始开发探矿专家系统 PROSPECTOR，1980 年首次实地分析华盛顿某山区地质资料，发现了一个钼矿。一批专家系统的研究和开发，将人工智能引向了实用化。1969 年召开了第一届国际人工智能联合会议（International Joint Conferences on Artificial Intelligence，即 IJCAI）。

3. 发展阶段（20 世纪 70 年代以后）

80 年代，随着第五代计算机的研制，人工智能得到了很大的发展。日本 1982 年开始了"第五代计算机研制计划"，即"知识信息处理计算机系统 KIPS"，其目的是使逻辑推理达到数值运算那么快。虽然此计划最终失败，但它的开展形成了一股研究人工智能的热潮。

80 年代末，神经网络飞速发展。1987 年，美国召开第一次神经网络国际会议，宣告了这一新学科的诞生。此后，各国在神经网络方面的投资逐渐增加，神经网络迅速发展起来。

90 年代，人工智能出现新的研究高潮。由于网络技术特别是国际互联网技术的发展，人工智能开始由单个智能主体研究转向基于网络环境下的分布式人工智能研究。不仅研究基于同一目标的分布式问题求解，而且研究多个智能主体的多目标问题求解，将人工智能更面向实用。另外，由于 Hopfield 多层神经网络模型的提出，使人工神经网络研究与应用出现了欣欣向荣的景象。目前，人工智能已深入到社会生活的各个领域，如机器博弈，1997 年 5 月，IBM 公司研制的"深蓝"计算机，以 3.5:2.5 战胜世界棋王卡西帕罗夫（见图 3-2）；2016 年 3 月，在五番围棋比赛中 AlphaGo 以 4:1 击败了韩国职业九段棋士李世石（见图 3-3）。这是人类历史上围棋人工智能第一次在公平比赛中战胜职业围棋手。

图 3-2　"深蓝"与世界棋王卡西帕罗夫比赛　　　　图 3-3　AlphaGo 与李世石比赛

从目前的一些前瞻性研究可以看出未来人工智能可能会向以下几个方面发展：模糊处理、并行化、神经网络和机器情感。人工智能的推理功能已获突破，学习及联想功能正在研究之中，下一步就是模仿人类右脑的模糊处理功能和整个大脑的并行化处理功能。人工神经网络是未来人工智能应用的新领域，未来智能计算机的构成，可能就是作为主机的冯·诺依曼型机与作为智能外围的人工神经网络的结合。情感是智能的一部分，而不是与智能相分离的，情感能力对于计算机与人的自然交往至关重要，因此人工智能领域的下一

个突破可能在于赋予计算机情感能力。

3.1.3　人工智能的应用领域

经过几十年的发展，人工智能的应用在不少领域得到发展。

1. 符号计算

计算机最主要的用途之一就是科学计算，科学计算可分为两类：一类是纯数值的计算，例如求函数的值，方程的数值解，比如天气预报、油藏模拟、航天等领域；另一类是符号计算，又称代数运算，这是一种智能化的计算，处理的是符号。符号可以代表整数、有理数、实数和复数，也可以代表多项式、函数、集合等。随着计算机的普及和人工智能的发展，相继出现了多种功能齐全的计算机代数系统软件，其中 Mathematica 和 Maple 是它们的代表，由于它们都是用 C 语言写成的，所以可以在绝大多数计算机上使用。

2. 模式识别

模式识别就是指如何使机器具有感知能力，主要研究视觉和听觉模式的识别。用计算机实现模式（文字、声音、图像、人物、物体、地形等）的自动识别，是开发智能机器的一个最关键的突破口，也为人类认识自身智能提供线索。计算机识别的显著特点是速度快、准确性和效率高，识别过程与人类的学习过程相似。以"语音识别"为例，语音识别就是让计算机能听懂人说的话，一个重要的例子就是七国语言（英、日、意、韩、法、德、中）口语自动翻译系统。该系统实现后，人们出国预订旅馆、购买机票、在餐馆对话和兑换外币时，只要利用电话网络和国际互联网，就可用手机、电话等与"老外"通话。如图 3-4 所示为人脸识别智能安保系统。

图3-4　人脸识别智能安保系统

3. 专家系统

专家系统是一种模拟人类专家解决某些领域问题的计算机程序系统。专家系统内部含有大量的某个领域的专家水平的知识与经验，能够运用人类专家的知识和解决问题的方法进行推理和判断，模拟人类专家的决策过程，来解决该领域的复杂问题。专家系统作为一种计算机系统，继承了计算机快速、准确的特点，在某些方面比人类专家更可靠、更灵活，可以不受时间、空间及人为因素的影响。专家系统包括了具有专家水平的专业知识、能进行有效推理、启发性、透明性、交互性等特点。根据专家系统处理的问题的类型，把专家系统分为解释型、诊断型、调试型、维修型、教育型、预测型、规划型、设计型和控制型9种类型。

4．机器学习

机器学习使计算机能模拟人的学习行为自动地通过学习获得知识和技能，不断改善性能，实现自我完善。机器获取知识的能力，一种是人类采用归纳整理，并用计算机可接受处理的方法输入到计算机中去；另一种是计算机使用一些学习算法进行自学习，如实例学习、机械学习、归纳学习等。作为人工智能的一个研究领域，机器学习主要研究学习机器、学习方法和学习系统三个方面的问题。

5．自动程序设计

自动程序设计包括程序综合（自动编程）和程序正确性验证两方面的内容。程序综合用于实现程序自动编程；程序正确性验证就是研究一套理论方法，通过运用它们就可自动证明程序的正确性。

6．人工神经网络

人工神经网络是一个用大量简单处理神经单元经广泛连接而组成的人工网络，是对人脑或生物神经网络若干基本特性的抽象和模拟。尽管每个神经单元结构、功能并不复杂，但神经网络的行为并不是各个神经单元行为的简单相加，网络的整体动态行为是极其复杂的，可以组成高低非线性动力学系统，从而可以表达很多复杂的物理系统，表现出一般复杂非线性系统的特性和作为神经网络系统的各种性质。神经网络具有大规模并行处理能力和自适应、自组织、自学习能力以及分布式存储等特点。

7．机器人学

机器人学是人工智能研究中日益受到重视的一个领域。这个领域研究的问题覆盖了从机器人手臂的最佳移动到机器人目标的动作序列的规划方法等各方面。目前，它的研究涉及电子学、控制论、系统工程、机械、仿生、心理学等多个学科。如图3-5所示为机器人足球，如图3-6所示为仿生机器人。

图3-5　机器人足球

图3-6　仿生机器人

3.2 智能制造

3.2.1 智能制造的概念

纵观智能制造概念与技术的发展，经历了兴起和缓慢推进阶段，直到 2013 年德国"工业 4.0"的提出，智能制造技术出现了爆发式发展。近年来，随着数字化、自动化、信息化、网络化和智能技术的发展，智能制造已成为现代制造业新的发展方向，其概念及内涵也在不断地发展和丰富。学术界普遍认为智能制造是现代制造技术、人工智能技术和计算机技术三者结合的产物。目前，关于智能制造概念也很多。

（1）在"百度百科"中智能制造一词采用路甬祥院士报告的定义："一种由智能机器和人类专家共同组成的人机一体化智能系统，它在制造过程中进行智能活动，诸如分析、推理、判断、构思和决策等。通过人和智能机器的合作共事，去扩大、延伸和部分地取代人类专家在制造过程中的脑力劳动。它把制造自动化的概念更新、扩展到柔性化、智能化和高度集成化。"

（2）2011 年，美国智能制造领导联盟发表了《实施 21 世纪智能制造》报告。定义智能制造是先进智能系统强化应用、新产品快速制造、产品需求动态响应，以及工业生产和供应链网络实时优化的制造。智能制造的核心技术是网络化传感器、数据互操作性、多尺度动态建模与仿真、智能自动化，以及可扩展的多层次的网络安全。

（3）在中国《2015 年智能制造试点示范专项行动实施方案》中，智能制造定义为：基于新一代信息技术，贯穿设计、生产、管理、服务等制造活动各个环节，具有信息深度自感知、智慧优化自决策、精准控制自执行等功能的先进制造过程、系统与模式的总称。具有以智能工厂为载体，以关键制造环节智能化为核心，以端到端数据流为基础，以网络互联为支撑等特征，可有效缩短产品研制周期、降低运营成本、提高生产效率、提升产品质量、降低资源能源消耗。

（4）中国机械工程学会分别于 2011 年和 2016 年出版的《中国机械工程技术路线图》及其第二版中指出，智能制造是研究制造活动中的信息感知与分析、知识表达与学习、自主决策与优化、自律执行与控制的一门综合交叉技术，是实现知识属性和功能的必然手段。智能制造技术涉及产品生命周期中的设计、生产、管理和服务等环节的制造活动，以关键制造环节智能化为核心，以端到端数据流为基础，以网通互联为平台，以人机协调为支撑，旨在有效缩短产品研制周期、提高生产效率、提升产品质量、降低资源能源消耗，对提升制造水平具有重要意义。智能制造的技术体系主要包括制造智能技术、智能制造装备技术、智能制造系统技术、智能制造服务技术、智能工厂技术。

综合上述众多定义，智能制造是面向产品的全生命周期，以物联网、大数据、云计算等新一代信息技术为基础，以制造装备、制造单元、制造车间、制造企业和企业生态系统等不同层次的制造系统为载体，在其设计、生产、管理、服务等制造活动的关键环节，具有一定自主性感知、学习、分析、决策、通信与协调控制、执行能力，能动态地制造环境的变化，从而实现缩短产品研制周期、降低运营成本、提高生产效率、提升产品质量、降低资源能源消耗等目标。

智能制造包括制造对象的智能化、制造过程的智能化、制造工具的智能化三个不同层面，如图3-7所示。制造对象的智能化，即制造出来的产品与装备是智能的，如智能家电、智能汽车等。制造过程的智能化，即要求产品的设计、加工、装配、检测、服务等每个环节都具有智能特征。制造工具的智能化，即通过智能机床、智能工业机器人等智能制造工具、帮助实现制造过程自动化、精益化、智能化，进一步带动智能装备水平的提升。智能制造包括知识库/知识工程、动态传感与自主决策三大核心，如图3-8所示。知识库/知识工程是智能制造的核心，智能制造系统能够在实践中不断地充实知识库，实现知识的获取、表达与求解，具有自学习功能。动态传感为智能制造提供了感知来源，通过动态精确测量与感知制造系统关键数据，能够准确实时监控智能制造系统的生产状态。自主决策通过复杂多变工况下智能制造系统的智能决策和自律执行，赋予产品制造在线学习和知识进化的能力，尽量减少人工干预，实现高品质制造。

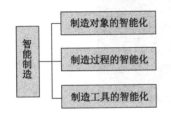

图3-7　智能制造的三个层面

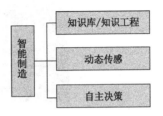

图3-8　智能制造的三大核心

3.2.2　智能制造主要特点

与传统制造相比，智能制造具有以下特点。

1. 自律能力

自律能力即搜集与理解环境信息和自身的信息，并进行分析判断和规划自身行为的能力。具有自律能力的设备称为"智能机器"，它在一定程度上表现出独立性、自主性和个性，甚至相互间还能协调运作与竞争。强有力的知识库和基于知识的模型是自律能力的基础。

2. 人机一体化

智能制造系统（IMS）不单纯是"人工智能"系统，而是人机一体化智能系统，是一种混合智能。基于人工智能的智能机器只能进行机械式的推理、预测、判断，它只能具有逻辑思维（专家系统），最多做到形象思维（神经网络），完全做不到灵感（顿悟）思维，只有人类专家才真正同时具备以上三种思维能力。因此，想以人工智能全面取代制造过程中人类专家的智能，独立承担起分析、判断、决策等任务是不现实的。人机一体化一方面突出人在制造系统中的核心地位，同时在智能机器的配合下，更好地发挥出人的潜能，使人机之间表现出一种平等共事、相互"理解"、相互协作的关系，使二者在不同的层次上各显其能，相辅相成。

在智能制造系统中，高素质、高智能的人将发挥更好的作用，机器智能和人的智能将

真正地集成在一起，互相配合，相得益彰。

3. 虚拟现实（VR）

虚拟现实是实现虚拟制造的支持技术，也是实现高水平人机一体化的关键技术之一。虚拟现实技术是以计算机为基础，融信号处理、动画技术、智能推理、预测、仿真和多媒体技术为一体；借助各种音像和传感装置，虚拟展示现实生活中的各种过程、物件等，因而也能拟实制造过程和未来的产品，从感官和视觉上使人获得完全如同真实的感受。但其特点是可以按照人们的意愿任意变化，这种人机结合的新一代智能界面，是智能制造的一个显著特征。如图 3-9 所示为虚拟车间。

图 3-9　虚拟车间

4. 自组织与超柔性

智能制造系统中的各组成单元能够依据工作任务的需要，自行组成一种最佳结构，其柔性不仅表现在运行方式上，而且表现在结构形式上，所以称这种柔性为超柔性，如同一群人类专家组成的群体，具有生物特征。

5. 自学习与自维护能力

智能制造系统能够在实践中不断地充实知识库，具有自学习功能。同时，在运行过程中自行故障诊断，并具备对故障自行排除、自行维护的能力。这种特征使智能制造系统能够自我优化并适应各种复杂的环境。

6. 整个制造环境的智能集成

智能制造在强调各个子系统智能化的同时，更注重整个制造环境的智能集成，这是与面向制造过程中特定应用的"智能化孤岛"的根本区别。智能制造将各个子系统集成为一个整体，实现系统整体的智能化。

3.2.3　智能制造目标[①]

智能制造概念刚提出时，其预期目标比较狭义，即"使智能机器在没有人工干预的情

---

① 邓朝辉等．智能制造技术基础[M]．武汉，华中科技大学出版社，2017（7）.

况下进行小批量生产",随着智能制造内涵的扩大,智能制造的目标已变得非常宏大。如"工业 4.0"提出了满足用户个性化需求、提高生产的灵活性、实现决策优化、提高资源生产率和利用率、通过新的服务创造价值机会、应对工作场所人口的变化、实现工作和生活平衡、确保高工资仍然具有竞争力等八个方面建设目标;中国智能制造指出实施智能制造可给制造业带来"两提升、三降低",即生产效率大幅度提升,资源综合利用率大幅度提升,研制周期大幅度下降,运营成本大幅度下降,产品不良率大幅度下降。综合智能特点,智能制造目标归纳起来有以下方面。

1. 满足客户个性化定制需求

产品的个性化源于客户多样化与动态变化的定制需求,企业必须具备提供个性化产品的能力,才能在激烈竞争的市场中生存下来。智能制造技术可以从多方面为个性化产品的快速推出提供支持。如智能设计可以缩短产品研制周期、3D 打印可以提高生产的柔性。

2. 实现复杂零件高品质制造

如航空、航天、汽车行业结构复杂、加工质量要求高的零件,采用传统加工方法已经很难控制加工变形等对加工精度的影响。对这类复杂零件,采用智能制造技术,在线检测加工过程中力热变形场的分布特点,实时掌握加工中工况的时变规律,并针对变化及时决策,使制造装备自律运行,可以显著提高零件的制造质量。

3. 保证高效的同时,实现可持续制造

可持续制造是可持续发展对制造业的必然要求。智能制造技术能够有力支持高效可持续制造,首先,通过传感器等手段实时掌握能源利用情况;其次,通过能耗和效率的综合智能化,获得最佳的生产方案并进行能源的综合调度,提高能源的利用率;最后,通过制造生态环境的一些变化,比如改变生产地域和组织方式,与电网开展深度合作等,可以进一步从大系统层面实现节能降耗。

4. 提升产品价值,拓展价值链

根据制造业的"微笑曲线"理论,制造过程的利润空间通常比较低,而研发与服务阶段的利润往往更高些,通过智能制造技术,有助于企业拓展价值空间。一是通过产品智能化升级和产品智能化设计技术,实现产品创新,提升产品价值;二是通过产品个性化定制、产品使用过程的在线实时监测、远程故障诊断等智能服务手段,创造产品新价值,拓展价值链。

3.2.4　智能制造发展趋势

1. 智能制造技术创新及应用贯穿制造业全过程

先进制造技术的加速融合使得制造业的设计、生产、管理、服务各个环节日趋智能化,智能制造正引领新一轮的制造业革命,主要体现在以下四个方面:一是建模与仿真使产品设计日趋智能化,并应用于制造全系统、全过程;二是以工业机器人、柔性生产线为代表的智能制造装备在生产过程中应用日趋广泛;三是全球供应链管理创新加速,普遍关注供

应链动态管理、整合与优化；四是智能服务业模式加速形成，物联网和务联网在制造业作用日益突出。

2. 增材制造技术与作用发展迅速

增材制造技术（3D 打印技术）是综合材料、制造、信息技术等多学科技术。增材制造技术突出的优点是无须机械加工或模具，就能直接从计算机图形数据中生成任何形状的物体，从而极大地缩短产品的研制周期，提高生产效率降低生产成本。增材制造技术呈现三个方面的发展趋势：打印速度和效率将不断提升；将开发出多样化的 3D 打印材料；3D 打印机价格大幅下降。

3. 世界范围内智能制造国家战略空前高涨

自 20 世纪 80 年代末智能制造提出以来，世界各国都对智能制造系统进行了各种研究，首先是对智能制造技术的研究，然后为了满足经济全球化和社会产品需求的变化，智能制造技术集成应用的环境——智能制造系统被提出。日本于 1989 年提出智能制造系统，且于 1994 年启动了先进制造国际合作研究项目。美国于 1992 年执行新技术政策，大力支持包括信息技术、新的制造工艺和智能制造技术在内的关键重大技术。欧盟于 1994 年启动新的研发项目，选择了 39 项核心技术，其中信息技术、分子生物学和先进制造技术中均突出了智能制造技术的地位。

近年来，各国除了对智能制造基础技术进行研究外，更多的是进行国际间的合作研究。中国工程院院士李伯虎指出，未来智能制造的发展将会集中研究以下几个方向：一是基础理论与技术——行业统一标准与规范、关键智能基础共性技术、核心智能装置与部件、工业领域信息安全技术等；二是智能装备——典型行业数控机械装备、智能工业机器人、智能化高端成套设备等；三是智能系统——信息物理融合系统、智能制造执行系统、智能柔性加工成形装配系统、绿色智能连续制造系统、3D 生产系统等；四是智能服务——数据分析与决策支持、智能监控与诊断、智能服务平台、产业链横向集成等。

3.3 智能制造标准体系框架[1][2]

系统架构是在某一环境中，用于描述实体及实体间重要关系的一种抽象结构。对于智能制造这样一个复杂的系统而言，需要一个相对复杂的系统架构来概括和凝练其主要环节和核心技术。通俗地讲，系统架构可以看作是智能制造的蓝图。

智能制造系统架构通过生命周期、系统层级和智能功能三个维度构建完成，如图 3-10 所示。产品生命周期维度从一张设计图纸开始，经过生产、物流和销售，最后被消费者使

① 韦莎. 智能制造系统架构研究[J]. 标准化研究，2016（4）：50-54.
② 国家智能制造标准体系建设指南（2015 年版）[M]. 2015 年 12 月.

用；系统层级维度包含了制造企业中是如何实施智能制造的；而智能功能维度则给产品和制造企业插上了智能的翅膀。

与传统制造业相比，智能制造则创新性地引入了智能功能这个维度，即让产品和制造过程更有效、更智能的相关技术。比如，与制造系统融于一体的人类成员、智能电网和传感器等资源要素，工业物联网、大数据、云计算等新一代信息技术，以及个性化定制等新的商业模式和新兴业态。

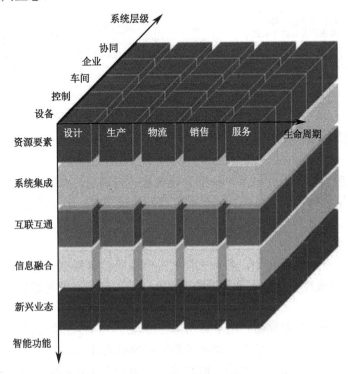

图 3-10　智能制造系统架构

3.3.1　生命周期维度

根据雷蒙德·费农的产品生命周期理论，产品生命周期是指产品从进入市场开始，直到最终退出市场为止所经历的市场生命循环过程，并将产品生命周期分为介绍期（引入期）、成长期、成熟期、衰退期四个阶段，是产品的市场寿命周期。而 PLM（产品生命周期管理）是从制造企业角度理解一个具体产品的寿命，此时，产品生命周期是指一个产品从客户需求、概念设计、工程设计、制造到使用和报废的时间过程。

在《国家智能制造标准体系建设指南》中，生命周期是指由设计、生产、物流、销售、服务等一系列相互联系的价值创造活动组成的链式集合。生命周期中各项活动相互关联、相互影响，不同行业的生命周期构成也不尽相同。如图 3-11 所示为产品生命周期各项活动过程，可见，通过管理产品生命周期，使企业能够有效地控制所有与产品有关的活动。

当传统的产品变成智能产品以后，它不仅体现在消费者使用时的智能性，也体现在生命周期中。比如我们可以用贯穿生命周期的物联网技术（如无线射频识别 RFID），来记录产品从设计到服务整个过程的信息，既可以扩容传统条形码的信息存储量，加快信息存储

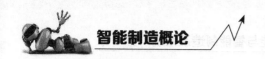
速度，加速物流商品信息传递，还能够通过网络自动跟踪每一件货物的去向，方便了物流仓储和配送的监督和管理，让产品追溯更便捷。

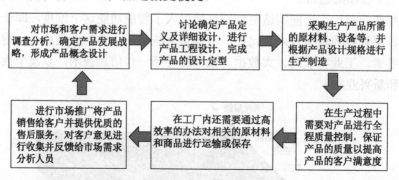

图 3-11 产品生命周期各项活动过程

3.3.2 系统层级维度

系统层级维度自下而上共五层，分别为设备层、控制层、车间层、企业层和协同层。智能制造的系统层级体现了装备的智能化和互联网协议（IP）化，以及网络的扁平化趋势。

（1）设备层。设备层是制造的物质技术基础，它包括传感器、仪器仪表、条码、射频识别、机械、机器、装置等。

（2）控制层。在控制层级中，各种类型的控制系统被囊括在一起，它包括可编程逻辑控制器（PLC）、监视控制与数据采集系统（SCADA）、分布式控制系统（DCS）和现场总线控制系统（FCS）等。

PLC 是一种可编程的存储器，用于其内部存储程序，执行逻辑运算、顺序控制、定时、计数与算术操作等面向用户的指令，并通过数字或模拟式输入/输出控制各种类型的机械或生产过程的控制设备。从实质上来看，PLC 是一种专用于工业控制的计算机，其硬件结构与微型计算机基本相同。

SCADA 是以计算机为基础的生产过程控制与调度自动化系统，它可以对现场的运行设备进行监视和控制。SCADA 系统涉及组态软件、数据传输链路（如数传电台、GPRS 等）、工业隔离安全网关，其中工业隔离安全网关用于保证工业信息网络的安全，防止病毒入侵，以保证工业数据、信息的安全。

DCS 是由过程控制级和过程监控级组成的以通信网络为纽带的多级计算机系统，综合了计算机（Computer）、通信（Communication）、显示（CRT）和控制（Control）等 4C 技术，其基本设计思路是分散控制、集中操作、分级管理、配置灵活、组态方便。DCS 主要由现场控制站（I/O 站）、数据通信系统、人机接口单元、操作员站、工程师站、机柜、电源等组成。系统具备开放的体系结构，可以提供多层开放数据接口。

现场总线是将自动化最底层的现场控制器和现场智能仪表设备互联的实时控制通信网络，遵循 ISO 的 OSI 开放系统互联参考模型的全部或部分通信协议。FCS 则是用开放的现场总线控制通信网络将自动化最底层的现场控制器和现场智能仪表设备互联的实时网络控制系统。

（3）车间层。车间层级体现了面向工厂和车间的生产管理，它包括制造执行系统（MES）等。MES 又进一步包括工厂信息管理系统（PIMS）、先进控制系统（APC）、历史数据库、计划排产、仓储管理等。美国先进制造研究机构（AMR）对 MES 的定义为：位于上层的计划管理系统与底层的工业控制之间的面向车间层的管理信息系统，它为操作人员/管理人员提供计划的执行、跟踪及所有资源（人、设备、物料、客户需求等）的当前状态。MES 将车间作业现场控制的各种工具与手段（包括 PLC、数据采集器、条形码、各种计量及检测仪器、机械手臂等）联系起来，提供与工作订单、商品接收、运输、质量控制、维护、排程和其他相关任务的一个或多个接口的控制系统，旨在加强制造资源计划的执行功能。

（4）企业层。企业层级是面向企业的经营管理，包括企业资源计划系统（ERP）、产品生命周期管理（PLM）、供应链管理系统（SCM）和客户关系管理系统（CRM）等。其中，ERP 是指建立在信息技术基础上，以系统化的管理思想，为企业决策层及员工提供决策运行手段的管理平台。

（5）协同层。协同层是智能制造相对传统制造的一个新的特点，它体现了企业之间的协作过程，它是由产业链上不同企业通过互联网络共享信息，实现协同研发、智能生产、精准物流和智能服务等。协同层超出了传统企业的范畴，包括产业链上下游，以及大型企业的不同子公司等，通过互联网进行全方位的协同和信息分享。同国际上其他相关的系统层级维度，如 IEC62264 中提出的传统制造业过程的五层架构，以及德国"工业 4.0"标准化路线图中提出的 RAMI4.0 模型相比，我国提出的系统层级架构体现了当今智能制造发展的趋势，即装备智能化、IP 化、网络扁平化及系统的云端化。

3.3.3　智能功能维度

智能功能维度自上而下包括资源要素、系统集成、互联互通、信息融合、新兴业态。以互联互通为目标的工业互联网作为一个重要的基础支撑，实现了物理世界和信息世界的融合，这与业界广泛讨论信息物理系统（Cyber-Physical System，CPS）不谋而合。

（1）资源要素。资源要素包括设计施工图纸、原材料、制造设备、生产车间和工厂等物理实体，包括电力、燃气等能源，还包括人员。其中，人员是智能制造的资源要素中非常重要的一个部分。

随着制造业的转型升级，对高素质人才的需求将会进一步凸显。当前，我国智能装备制造行业的高端人才和复合型人才的需求缺口还很大，无法满足企业全生命周期智能化的需求。不同程度的人才数量不均衡，比如掌握特殊技能的高级技工人数较少，而从事初级工作的技术工人较多；满足传统制造业要求的工人数量较多，而符合当下智能制造要求的技术工人较少等。另外，智能制造是一个综合性的系统工程，还需要经验丰富、有战略眼光的领军人物，既懂得高水平的技术开发，又了解新型的商业模式。

（2）系统集成。系统集成是指通过二维码、射频识别、软件等信息技术集成原材料、零部件、能源、设备等各种制造资源。

在智能制造的实际生产过程中，实现产品、设备、能源和人的集成离不开有效的产品身份标识技术。我国在射频识别标准制定方面已经取得了初步成果，开展了射频识别标准体系研究、关键技术标准制定和若干应用标准制定，为制造资源在设计、生产、销售等整个生命周期中的集成打下了良好的基础。

（3）互联互通。互联互通是指通过有线、无线等通信技术，实现机器之间、机器与控制系统之间、企业之间的互联互通。目前，制造业正逐渐进入物联网时代，大量具备嵌入式技术的设备可被管理、无缝互联，通过网络安全地进行互动。工业物联网实现了机器与机器之间的通信，以及机器与其他实体、环境和基础设施之间的互动和通信。通信过程中产生的大量数据还可以进一步通过处理和分析后，为企业的管理和控制提供即时决策的依据。

（4）信息融合。信息融合是指在系统集成和通信的基础上，利用云计算、大数据等新一代信息技术，在保障信息安全的前提下实现信息协同共享。随着工业化与信息化的深度融合，信息技术逐渐深入到企业的各个环节。特别是二维码、RFID、传感器、工业物联网等技术在制造企业中的广泛使用产生了大量数据，为大数据在工业领域的应用提供了数据来源。

（5）新兴业态。新兴业态包括个性化定制、远程运维和工业云等服务型制造模式：个性化定制作为智能制造新兴业态的一个重要领域和生产服务模式。远程运维，顾名思义，就是相关工作人员不在现场，通过远程登录的方式来管理设备。远程运维工具可以实时监控网络设备运行情况，完整记录网络运行事件及关联的故障信息，主动对设备进行软件缺陷和健康度检查，从而发现潜在问题等；工业云是通过云计算为工业企业提供服务，使工业企业的社会资源实现共享的一种信息化创新服务模式。

智能制造系统架构通过三个维度展示了智能制造的全貌，体现了工业化与信息化的深度融合。智能制造的产品生命周期与传统制造业是类似的，但是在设计等环节与传统制造业相比增加了企业间的协同合作，实行了水平集成。系统层级从设备到企业的四个环节与传统制造业企业也是类似的，只是每个环节的内涵和外延都有了相应的扩展。智能功能维度则是让产品和工厂更加数字化、网络化、智能化的一系列信息技术的集中体现。以工业机器人为例，工业机器人位于智能制造系统架构生命周期的生产环节、系统层级的设备级和控制级，以及智能功能的资源要素，如图 3-12 所示。

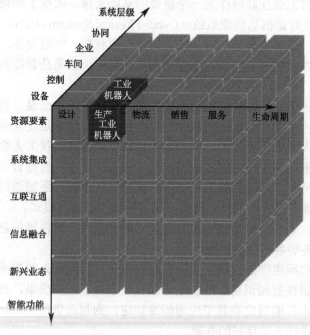

图 3-12　工业机器人在智能制造系统架构中的位置

3.4 基于CPS的智能制造系统

3.4.1 CPS综述

1. CPS的基本概念

CPS（信息物理融合系统）通过将先进的控制技术、通信技术、计算技术进行深度的融合与有机的协作，实现物理世界与虚拟世界的互联，它是具有自主感知、自主判断和自主调节治理能力的下一代智能系统。

CPS通过通信网络对局部物理世界发生的感知和操纵进行可靠、实时、高效地观察与控制，能够实现大规模实体控制和全局优化控制，实现资源的协调分配与动态组织，实现信息世界与物理世界的高度集成及多对多动态链接，实现并行计算和信息处理。

2. CPS的基本功能逻辑单元

CPS包括传感器、执行器和决策控制单元等基本组件。传感器和执行器通过嵌入到物理组件上，实现对外界物理状态的感知与监测，同时接收决策控制单元的控制指令，对物理对象进行控制。传感器与执行器是物理和计算世界的接口，决策控制单元接收传感器感知信息，根据实际用户定义的语义规则和控制规则，生成控制逻辑并将指令发送给执行器对物理对象进行操控，如图3-13所示。

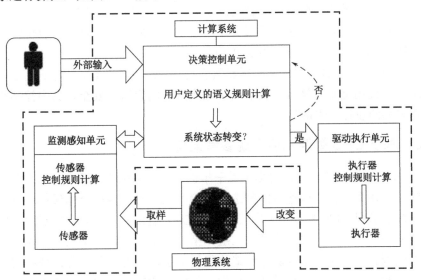

图3-13　CPS的基本功能逻辑单元

3. CPS的特征和功能[①]

CPS与现有的物理世界和通信世界相比在结构和性能方面具有以下几大特征。

---

① 黎作鹏等. 信息物理融合系统（CPS）研究综述[J]. 计算机科学，2011（9）：25-30.

（1）全局虚拟、局部物理性。局部物理世界发生的感知和操纵，可以跨越整个虚拟网络被安全、可靠、实时地观察和控制。

（2）深度嵌入性。嵌入式传感器与执行器使计算被深深地嵌入每一个物理组件中，甚至可能嵌入物质里，使物理设备具备计算、通信、精确控制、远程协调和自治五大功能，更使计算变得普通了，成为物理世界的一部分。

（3）事件驱动性。物理环境和对象状态的变化构成CPS事件，触发事件——感知——决策——控制事件的闭环过程，最终改变物理对象状态。

（4）以数据为中心。CPS各个层级的组件与子系统都围绕数据融合向上提供服务，数据沿从物理世界接口到用户的路径上不断提升抽象级，用户最终得到全面的、精确的事件信息。

（5）时间关键性。物理世界的时间动态是不可逆转的，应用对CPS的时间性提出了严格的要求，信息获取和提交的实时性会影响用户的判断与决策精度，尤其是在重要基础设施领域。

（6）安全关键性。CPS的系统规模与复杂性对信息系统安全提出了更高的要求，更重要的是需要理解与防范恶意攻击通过计算进程对物理进程（控制）的严重威胁，以及CPS用户的被动隐私暴露等问题。CPS的安全性必须同时强调系统自身的保障性、外部攻击下的安全性和隐私。

（7）异构性。CPS包含了许多功能与结构各异的子系统，各个子系统之间要通过有线或无线的通信方式相互协调工作。因此CPS也被称为混合系统或系统的系统。

（8）高可信赖性。物理世界不是完全可预测和可控的，对于意想不到的条件必须保证CPS的鲁棒性；同时系统必须满足可靠性、效率、可扩展性和适应性。

（9）高度自主性。组件与子系统都具备自组织、自配置、自维护、自优化和自保护能力，支持CPS完成自感知、自决策和自控制。

（10）领域相关性。CPS的研究必须着眼于工程应用领域，诸如汽车、石油化工、航空航天、制造业、民用基础设施等，要着眼于这些系统的容错、安全、集中控制和社会等方面会如何对它们的设计产生影响。

3.4.2　基于CPS智能制造系统参考架构

基于CPS的智能制造系统虽已提出若干年也启动了不少相关研究，但是至目前还没有通用完整的参考体系架构，构建智能制造系统参考架构时，要充分体现制造企业的层次功能。按国际标准组织（ISO）和国际电工协会（IEC）提出的制造企业功能层次模型，制造企业的功能分为五层。第一层是物理加工层，第二层是生产过程感知和操控层，第三层是生产过程的监测和控制层，第四层是制造执行控制层，第五层是业务计划和物流管理层。据此，为构建通用的智能制造系统体系架构，国内外数字化与智能制造领域专家做了大量的研究。如五层级功能架构，包括装备级、生产线级、车间级、工厂级和联盟级[①]；5C技术体系架构，包括智能感知层（Connection）、信息挖掘层（Conversion）、网络层（Cyber）、

---

① 杜宝瑞等．智能制造系统及其层级模型[J]．航空制造技术，2015（13）：46-50．

认知层（Cognition）和配置执行层（Configuration）[①]；《国家智能制造标准体系建设指南》（2015 版），提出智能制造系统五层级架构，包括设备层、控制层、车间层、企业层和协同层；结合 PLM 作为核心价值链，提出的自上而下依次映射六层级功能架构，包括网络协同层、ERP 计划层、PLM 管控层、制造执行层、控制层、感知设备层，如图 3-14 所示。[②]

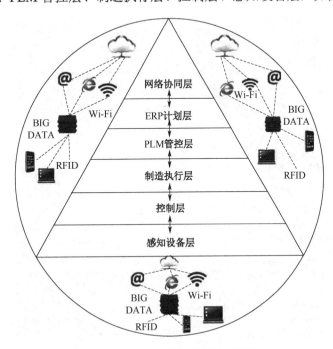

图 3-14　基于 CPS 的智能制造系统层级

在图 3-14 中，网络协同层主要由云安全网络、云服务器、企业中央服务器和企业数据中心等要素构成，实现产业链上不同企业通过云安全网络共享信息，实现协同研发、智能生产、精准物流、实时数据分析计算和服务。ERP 计划层主要由财务与成本控制系统、SCM、CRM 等组成，实现计划与决策支持智能。PLM 管控层，主要由 CAD、CAPP、CAE、PDM 等要素组成，实现产品研发过程决策支持智能。制造执行层主要由设备管理系统、工具与工装管理系统、物流管理系统等要素组成，实现实时分析、自主决策、精准执行。控制层主要由监控与数据采集系统（SCADA）、DCS、PLC 等要素构成，实现对感知设备层设备的监控与制造数据信息采集等。感知设备层主要由智能设备、工业机器人、智能物流设备、AGV、RFID 等要素组成，实现设备互联互通智能与状态感知。

此外，有人结合制造业现有体系结构的特点，构建基于 CPS 离散型智能制造系统架构参考图 3-15 所示。该系统架构主要由大量物理设备（如工作中心中各种物料、产品零件及加工设备数据采集对象等）、分布式数据处理设备（如分布式计算机设备、数据库、知识库服务器等）、信息数据采集设备（如各种传感器、射频网络等）构成。这些设备的计算、传感、控制等信息通过通信网络连接起来，而物料、产品零件、产品销售等的流通通过各级、

---

① 李杰. 以 CPS 为核心的智能化大数据创值体系[J]. 中国工业评论，2015（12）：50-58.
② 张明建. 基于 CPS 的智能制造系统功能架构研究[J]. 宁德师范学院学报（自然科学版），2016（5）：138-142

各类控制中心采用现代物流流通连接起来。该系统不同于现有的制造系统,其主要特点是:系统中存在大量的分布式计算机设备,具有比现存系统完善的信息采集系统,将有线网络与无线网络相结合,通过全局优化能实现对物流、资金流、信息流的实时、集成、同步控制;能有效协调和优化处理供应链范围内的所有业务活动,实现全球采购、生产、销售和服务的业务处理。[①]

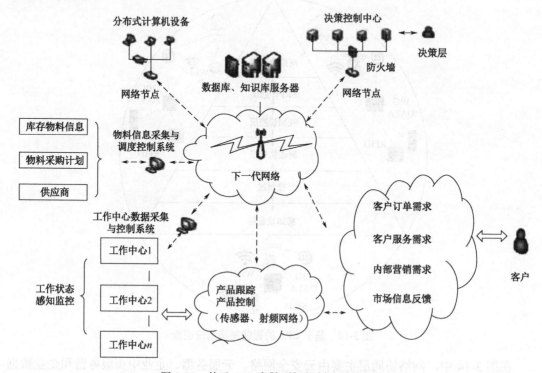

图 3-15 基于 CPS 离散型智能制造系统架构

3.5 其他智能制造模式简介[②]

3.5.1 社会化企业

社会化企业是 McAfee 于 2006 年将 Web2.0 应用于企业而引申出来的概念,并将其定义为"企业内部企业与企业之间,以及企业与其合作伙伴/用户间对社会软件的运用"。企业借助 Web2.0 等社会化媒体工具,使用户能够参与到产品和服务活动中,通过用户的充分参与来提高产品创新能力,形成新的服务理念与模式。具体到制造领域,企业可以利用大众力量进行产品创意设计、品牌推广等,产品研发围绕用户需求,极大地增强了用户体验;用

---

① 张彩霞等. 基于信息物理融合系统的智能制造架构研究[J]. 计算机科学, 2013 (6): 37-40.
② 周佳军等. 几种新兴智能制造模式研究评述[J]. 计算机集成制造系统, 2017 (3): 624-639.

户也通过价值共享获得回报，从而达到企业与用户的双赢。就企业和用户的关系而言，用户由产品购买者转变为产品制造者和产品创意者。社会化企业背景下产生了众包生产、产品服务系统等制造模式。

社会化企业具有以下特点。

一是开放协作。社会化企业破除了传统企业和外部的边界，面向更广泛的群体、面向整个社会，充分利用外部优质资源，以此博采众长和资源共享。在全社会范围内对产品研发、设计、制造、营销和服务等阶段进行大规模协同，整合产生效益，实现企业从有边界到无边界的突破、从"企业生产"到"社会生产"的转变。

二是平等共享。平等就是去中心化、去等级化，传统的集中经营活动将被社会化企业分散经营方式取代，层级化的管理结构将转变为以节点组织的扁平化结构，产品采取模块化研发生产方式，以适应顾客的个性化需求。

三是社会化创新。产品创新的思想往往来自用户，社会化企业注重客户参与的互动性、知识运用、隐性知识的集成，通过社会性网络能够充分利用群体智慧的认知与创新能力，提供任务解决方案、发现创意或解决技术问题，帮助进行产品/服务创新。

3.5.2　云制造

云制造是以云计算技术为支撑的网络化制造新形态，最早由李伯虎院士等于2009年提出。云制造通过采用物联网、虚拟化和云计算等网络化制造与服务技术，对制造资源和制造能力进行虚拟化和服务化的感知接入，并进行集中高效管理和运营，实现制造资源和制造能力的大规模流通，促进各类分散制造资源的高效共享和协同，从而动态灵活地为用户提供按需使用的产品全生命周期制造服务。

云制造具有以下特点。

一是云制造以云计算技术为核心，将"软件即服务"的理念拓展至"制造即服务"，实质上就是一种面向服务的制造新模式。

二是云制造以用户为中心，以知识为支撑，借助虚拟化和服务化技术，形成一个统一的制造云服务池，对制造云服务进行统一、集中的智能化管理和经营，并按需分配制造资源/能力。

三是云制造提供了一个产品的研发、设计、生产、服务等全生命周期的协同制造、管理与创新新平台，引发了制造模式变革，进而转变了产业发展方式。

3.5.3　泛在制造

泛在制造以泛在计算为基础，在制造全生命周期应用，包括市场分析概念形成、产品设计、原材料制备、毛坯生产、零件加工、装配调试、产品使用及维护和产品回收处理等阶段。

泛在计算，又称普适计算、环境智能等，强调计算资源普存于环境中，并与环境融为一体，人和物理世界更依赖自然的交互方式。与桌面计算相反，基于环境感知、内容感知能力，泛在计算不只依赖命令行、图形界面进行人机交互，它可以采用新型交互技术，如触觉显示、有机发光显示等，使用任何设备、在任何位置并以任何形式进行感知和交流。因此，泛在计算从根本上改变了人去适应机器计算的被动式服务思想，使得用户能在不被

打扰的情形下，主动地、动态地接受信息服务。

3.5.4　制造物联

　　发展和采用物联网技术是实施智能制造的重要一环，以嵌入式系统、RFID 和传感网等构建现代 IoMT（Internet of Manufacturing Things，制造物联），增强制造与服务过程的管控能力，催生新的制造模式。

　　虽然制造企业已经实施了几十年的传感器和计算机自动化，但是这些传感器、可编程逻辑控制器和层级结构控制器等与上层管理系统在很大程度上是分离的，而且是基于层级结构的组织方式，系统缺乏灵活性。由于是针对特定功能而设计的，各类工业控制软件之间的功能相对独立，且设备采用不同的通信标准和协议，使得各个子系统之间形成了自动化孤岛。而 IoMT 采用更加开放的体系结构，以支持更广范围的数据共享，并从系统整体的角度考虑进行全局优化，支持制造全生命周期的感知、互联和智能化。

第4章

制造的智能化

4.1 产品的智能化

4.1.1 智能化产品的概念

智能化产品即产品的智能化，就是把传感器、处理器、存储器、通信模块、传输系统融入各种产品中，使产品具备动态存储、感知和通信能力，实现产品的可追溯、可识别、可定位、可管理，能加快产品创新和提高产品附加值。

智能化产品可以定义为一个目标或一个系统。如智能手机、智能手表、智能玩具、智能家电、智能汽车、智能工业仪表、智能工业机器人等就是目标智能产品；智能家居系统、智能停车系统、智慧城市安全系统等就是系统智能产品。

4.1.2 智能化产品的主要特征

产品的物质功能是由使用者的物质性需求决定的，同时受到技术的制约。以往的产品具有安全性、可靠性、经济性、便捷性、舒适性和协调性等特征，信息时代的智能产品还有一些新的特征。

（1）智能性。所谓智能性是指产品自己会"思考"，会做出正确判断并执行任务。比如伊莱克斯的三叶虫智能吸尘器（见图 4-1），每天在无人指挥的情况下，自动完成清洁任务，如果感觉电力不足，三叶虫会自动前往充电，充完电后还会沿着原来的路线，继续完成未完成的清扫工作。再如，西门子智能冰箱（见图 4-2）能根据商品的条形码来识别食品，提醒你每天所需饮用的食品，甚至提示你营养搭配是否合适，商品是否快过保质期，如果缺少了一些物品，它会自动上网上超市订购商品等。

（2）网络性。所谓网络性是指产品可以随时和人通过网络保持联系。这种联系超越了空间的限制，人们可以随时随地控制产品，产品之间也是互相联系的。西门子公司已经研制成能与互联网连接的家用电器，如冰箱、电炉、洗碗机、洗衣机及洁具。这种冰箱可以通过网上超市自动订购商品，电炉可以从网上获取菜谱，帮助准备菜肴。一旦出现故障，它还能自动呼叫维修服务；洗碗机可以根据清洗的数量，让厂家提供最佳的清洗程序；洗

衣机可以同电炉和洗碗机相互联络，谁最紧迫，谁就先用电等。

图4-1　三叶虫智能吸尘器

图4-2　西门子智能冰箱

（3）沟通性。所谓沟通性是指产品和人的主动交流，形成互动。这种互动是积极的，一方面产品接受人的指令，并做出判断的参考意见；另一方面产品可以觉察人的情绪变化，主动和人沟通。比如未来的洁具可以随时化验使用者的排泄物，并将化验数据送给家庭的保健医生；计算机会在适当的时候提示你的健康状况，提供休息娱乐方案；智能宠物会觉察主人的情绪，根据判断用不同的沟通方式取悦主人。

简单地说，实现产品智能化主要是增加能对外接信号进行感知、分析的传感器（如位置、颜色、温度、加速度、方向、距离传感器等）；增加能模拟人脑分析、判断、处理所检测到的信号控制器（如可编程控制器 PLC、嵌入式微控制器 ARM、数字处理器 DSP 等）；增加能进行人与物、物与物信息交互的装置（如物联网）等。

4.2　设计的智能化

4.2.1　智能设计的概念

进入信息时代以来，以设计标准规范为基础，以软件平台为表现形式，在信息技术、计算机技术、知识工程和人工智能等相关技术的不断交叉融合中形成和发展的计算机辅助智能设计技术，已经成为现代设计技术最重要的组成部分。智能设计就是通过人工智能与人类智能的融合，通过人与计算机的协同，高频率地、集成地实现建模、综合、分析、优化和协同环节，完成能全面满足用户需求的产品的生命周期设计。

以计算机图形学为理论基础，以产品几何造型为核心的CAD是现代设计最主要的标志。现代设计与智能设计的主要区别在于人类智能的运用方式。现代设计过程的每时每刻、每个环节都是设计师这个真人通过计算机这个计算和绘图工具控制着各项设计活动，各种现代设计技术并没有包含太多的人工智能，只是协助设计师和工程师工作的工具，而智能设计主要通过机器模拟人类智能来实现，将某些非数值计算的设计活动完全或部分地交给了机器去自动实现。

设计问题的求解大致可分为两类：一类是基于数学模型和数值处理的计算型；另一类是基于符号知识模型和符号处理的推理型。传统CAD技术在数值计算和图形绘制上扩展了人的能力，可以圆满完成第一类工作，但对于第二类工作往往难以胜任。由于产品设计使人的创造力与环境条件交互作用的物化工程是一种智能行为，因此在产品设计方案的确定、分析模型的建立、主要参数的决策、几何结构设计的评价选优等设计环节中，有相当多的工作是不能建立起精确的数学模型并用数值计算法求解的，而是需要设计人员发挥自己的创造力，应用多学科知识和实践经验分析推理、运筹决策、综合评价，才能取得合理的结果。智能设计主要特点如下。

（1）以设计方法学为指导。智能设计的发展，从根本上取决于对设计本质的理解。设计方法学对设计本质、过程设计思维特征及其方法学的深入研究是智能设计模拟人工设计的基本依据。

（2）以人工智能技术为实现手段。借助专家系统技术在知识处理上的强大功能，结合人工神经网络和机器学习技术，能较好地支持设计过程自动化。

（3）以传统的CAD技术为数值计算和图形处理工具。传统的CAD技术能够提供对设计对象的优化设计、有限元分析和图形显示输出等方面的支持。

（4）面向集成智能化。智能设计不但支持设计的全过程，而且考虑到与CAM的集成，提供统一的数据模型和数据交换接口。

（5）提供强大的人机交互功能，使设计师对智能设计过程的干预，即与人工智能融合成为可能。

4.2.2 智能设计系统

1. 智能设计系统的构成

智能设计系统是设计型专家系统和人机智能化设计系统的统称，这两种系统的区别主要有以下几个方面。

（1）设计型专家系统只处理单一领域知识的符号推理问题，而人机智能化设计系统则要处理多领域知识、多种描述形式的知识，是集成化的大规模知识处理环境。

（2）设计型专家系统一般解决某领域的特定问题，比较孤立和封闭，难以与其他知识系统集成。而人机智能化设计系统则面向整个设计过程，是一种开放的体系结构。

（3）设计型专家系统一般局限于单一知识领域范畴，相当于模拟设计专家个体的推理活动，属于简单系统。而人机智能化设计系统涉及多个领域多科学知识范畴，是模拟和协助人类专家群体的推理决策活动，是复杂系统。

（4）从知识模型看，设计型专家系统只是围绕具体产品的模型或针对涉及过程某一特定环节（如有限元分析）的模型进行符号推理。而人机智能化设计系统则要考虑整个设计过程的模型、设计专家思想、推理和决策的模型（认知模型）及设计对象（产品）的模型。

最简单的智能设计系统是严格意义下的设计型专家系统，它只能处理单一设计领域知识范畴的符号推理问题；最完善的智能设计系统是人机高度和谐、知识高度集成的人机智能设计系统，具有自组织能力、开放的体系结构和大规模的知识集成化处理环境。大量的设计系统介于这两种模式之间，能对设计过程提供或多或少的智能支持。

2. 智能设计系统的关键技术

智能设计系统的关键技术包括：设计过程的再认识、设计知识表示、多专家系统协同技术、再设计与自学习机制、多种推理机制的综合应用、智能化人机接口等。

（1）设计过程的再认识。智能设计系统的发展取决于对设计过程本身的理解。尽管人们在设计方法、设计程序和设计规律等方面进行了大量探索，但从计算机化的角度看，目前的设计方法学还远不能适应设计技术发展的需求，仍然需要探索适合于计算机处理的设计理论和设计模式。

（2）设计知识表示。设计过程是一个非常复杂的过程，它涉及多种不同类型知识的应用，因此单一知识表示方式不足以有效表达各种设计知识，如何建立有效的知识表示模型和有效的知识表示方式，始终是设计类专家系统成功的关键。

（3）多专家系统协同技术。较复杂的设计过程一般可分解为若干个环节，每个环节对应一个专家系统，多个专家系统协同合作、信息共享，并利用模糊评价和人工神经网络等方法以有效解决设计过程多学科、多目标决策与优化难题。

（4）再设计与自学习机制。当设计结果不能满足要求时，系统应该能够返回相应的层次进行再设计，以完成局部和全局的重新设计任务。同时，可以采用归纳推理和类比推理等方法获得新的知识，总结经验，不断扩充知识库，并通过再学习达到自我完善。

（5）多种推理机制的综合应用。智能设计系统中，除了演绎推理外，还应该包括归纳推理、基于实例的类比推理、各种基于不完全知识的模糊逻辑推理方式等。上述推理方式的综合应用，可以博采众长，更好地实现设计系统的智能化。

（6）智能化人机接口。良好的人机接口对智能设计系统是十分必要的，对于复杂的设计任务及设计过程中的某些决策活动，在设计专家的参与下，可以得到更好的设计效果，从而充分发挥人与计算机各自的长处。

4.2.3 典型的智能设计方法

1. 基于规则的智能设计方法

基于规则的设计（Rule-Based Design，RBD）源于人类设计者能通过对过程性、逻辑性、经验性的设计规则进行逐步推理完成设计的行为，是最常用的智能设计方法。该方法将设计问题的求解知识用产生式规则的形式表达出来，从而通过对规则形式的设计知识推理而获得设计问题的解。RBD 方法也常称为"专家系统方法"，相应的智能设计系统常称为"设计型专家系统"。

基于规则的智能设计方法如图 4-3 所示，关于设计问题的各种设计规则则被存储在设计规则库中，而综合数据库中存放有当前的各种事实信息。当设计开始时，关于设计问题的定义被填入综合数据库中；然后，设计推理机负责将设计规则库中设计规则的前提与当前综合数据库中的事实进行匹配，前提获得匹配的设计规则被筛选出来，成为可用规则组；而后，设计推理机化解多条可用规则可能带来的结论冲突并启用设计规则，从而对当前的综合数据库做出修改。这个过程被反复执行，直到达到推理目标，即产生满足设计要求的设计解为止。

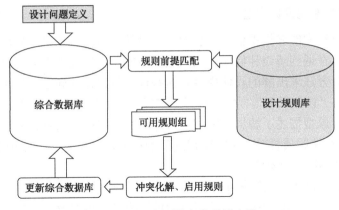

图 4-3　基于规则的智能设计方法

2. 基于案例的智能设计方法

基于案例设计（Case-Based Design，CBD）是调整或组合过去的设计解来创新设计的方法，是人工智能中基于案例的推理（CBR）技术在设计型问题中的应用，它源于人类在进行设计时总是不自觉地参考过去相似设计案例的行为。

基于案例的智能设计方法如图 4-4 所示，大量设计案例被存储在设计案例库中。当设计开始时，首先根据设计问题定义从案例库中搜索并提取与当前设计问题最为接近的一个或多个设计案例；然后，通过案例组合、调整等方法获得设计的解；最后，设计产生的设计方案可能又被加入案例设计库中供以后其他设计问题参考使用。与 RBD 相比，CBD 的最大特色是：如果 RBD 中求解路径上的设计规则是不完整的，那么若不借助其他方法则无法完成从设计问题到设计解的推理，而对 CBD，即使设计库案例不完整，仍然能够运用该方法求解那些具有类似案例的设计问题。案例的评价、调整和组合是 CBD 的三个关键问题。新设计问题的设计要求不可能与案例的设计要求完全一致，因而需要通过案例评价找出新设计问题与设计案例之间存在的特征差异，并针对这些特征差异开展设计工作。调整和组合是解决特征差异的两种方法。调整是借助其他一些智能设计方法对原有案例进行修改而产生满足设计要求的设计解；组合则是通过从多个案例中分别取出设计解的可用部分，再合并形成新问题的设计解。

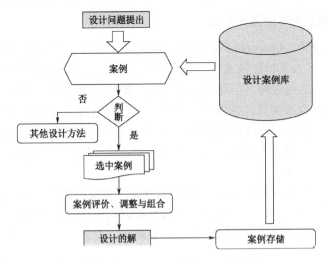

图 4-4　基于案例的智能设计方法

3. 基于原型的智能设计方法

人类设计专家经常能够根据他们以往的一些设计经验把一种设计问题的解归结为一些典型的构造形式，在遇到新设计问题时从这些典型的构造形式中选取一种作为解的结构，进而采用其他设计方法求出解的具体内容。这些针对特定设计问题归纳出的设计解的典型构造形式，也就是"设计原型"。从"设计是从功能空间中的点到属性空间中的点的映射过程"去理解，设计原型描述了解属性空间的具体结构。这种采用设计原型作为设计解属性空间的结构并进而求解属性空间内容的智能设计方法，称为基于原型设计的设计方法（Prototype-Based Design，PBD）。

基于原型的智能设计方法如图 4-5 所示，设计原型被存储在设计原型库中备用。设计开始时，从设计原型库中选取适用于设计问题的设计原型；再将设计原型实例化为具体设计对象而形成设计解的结构；然后，通过运用关于求解原型属性的各种设计知识（如设计规则、该原型以往的设计案例等），求解或推理原型实例的属性而最终形成设计的解。

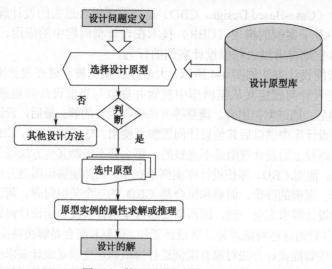

图 4-5　基于原型的智能设计方法

4. 基于约束满足的智能设计方法

基于约束满足设计（Constraint-Satisfied Design，CSD）是把设计视为一个约束满足问题（CSP）来求解。在人工智能技术中，CSP 的基本求解方法是通过搜索问题的解空间来查找满足所有问题约束的问题解。但是智能设计与一般的 CSP 存在一些不同，在一个复杂设计问题中，往往设计众多变量，搜索空间十分巨大，这使得通常很难通过搜索方法获得设计问题的解。因而，CSD 常常借助其他智能设计方法产生一个设计方案，然后再来判别其是否满足设计问题中的各方面约束，而单纯搜索的方法一般只用于解决设计问题中的一些局部子问题。

约束在产品几何表达方面的应用由来已久，CAD 系统的鼻祖 Sketchpad 就是一个基于约束的交互式图形设计系统，这一技术一直被延伸和发展到目前的三维产品造型设计中。智能设计显然是与产品几何不可分的，需要几何约束。其次，对于设计对象的功能性、结构性、工程性、经济性等各个方面也都可能提出一定约束来加以限定。此外，设计中的一些常识性知识也可能通过约束来表达，需要明确的是，虽然设计约束并不被直接产生设计的解，但它在判别设计的解的正确性或可行性方面不可或缺，因而它是产品设计知识的重要组成部分。由于设计约束内容十分丰富，因而它存在多种表达形式。最常见的判断约束表现为谓词逻辑形式的陈述性知识，但也存在许多具有前提条件的约束。此时，约束包括前提和约束内容两部分，具有类似于规则的形式。另外，对于一些复杂约束，还存在相应的特殊表示方法。

4.3 加工的智能化

随着产品智能化和装备智能化的推进，企业产品在生产过程中，传感、连接、数据、计算、服务等无处不在，可实现个性化定制、极少量生产、服务型制造及云制造等新业态新模式，快速满足客户要求。

4.3.1 加工工艺智能优化

加工工艺智能优化是实现智能加工的关键与基础，包括加工工艺的智能规划、加工性能智能预测和加工参数智能优选。

1. 加工工艺的智能规划

加工工艺规划是优化配置工艺资源、合理编排工艺过程、将产品设计数据转化为产品制造信息的一个重要活动，是加工工艺准备的核心活动内容之一，也是制造加工的基础。加工工艺的智能规划是实现加工工艺智能优化的第一步。

加工工艺规划的任务包括零件要求分析、原材料或毛坯的选择、工艺方法选择、加工设备及工具选择、夹具要求确定、路径规划、NC 程序编制、夹具设计等，任务繁重，涉及参数与类别众多。企业在产品加工过程中积累的大量生产数据隐藏着影响生产质量的因素和规律，是制定工艺规划的主要依据。

（1）加工工艺数据知识的发现。

加工工艺数据知识的发现是反复迭代的人机交互过程，需要经历多个步骤如图 4-6 所示。

工艺数据准备：了解工艺设计领域的有关情况，熟悉相关的背景知识，弄清用户需求。CAPP（计算机辅助工艺过程设计）的应用为加工工艺数据的积累和准备做了充足的工作，包括结构化的工艺数据、合理的工艺数据模型。

工艺数据抽取：工艺数据抽取的目的是确定目标数据，根据工艺知识发现的需要从原始工艺数据库中选取相关的数据样本。此过程将利用一些数据库操作对工艺数据库进行相关处理。如典型工艺路线的发现，需要从原始工艺数据库中选取与工艺路线相关的数据，形成目标数据库。

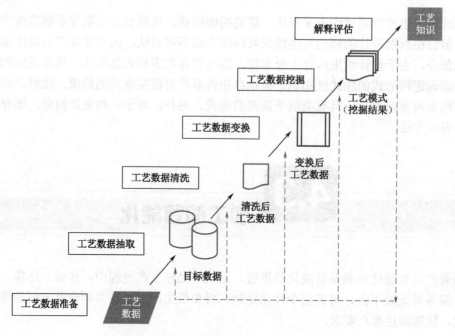

图 4-6　加工工艺数据知识发现的一般流程

工艺数据清洗：工艺数据的清洗是对目标工艺数据库进行再处理，检查工艺数据的完整性及一致性，滤除与工艺数据挖掘无关的冗余数据。针对加工工艺数据预处理，需要对工艺信息规范化和标准化。工艺信息的标准化是从工艺数据的角度对工艺术语、工艺内容、工艺参数、工艺资源等静态术语、符号、参数进行规范化，从而保证数据的一致性。

工艺数据交换：根据工艺知识发现的任务，对已经预处理的工艺数据进行再处理，主要是通过投影或利用数据库的其他操作减少数据量。如通过数据查询查到相同的数据，再利用数据库的删除操作清理相同的数据，只保留其中的一个数据记录。

工艺数据挖掘：工艺数据挖掘是整个工艺数据知识发现过程很重要的步骤，其目的是运用所选算法从工艺数据库中提取用户感兴趣的知识，并以一定的方式表示出来。工艺数据挖掘包括：依据工艺知识发现的目标确定工艺数据挖掘的任务和目的，根据工艺设计领域的要求确定发现的工艺知识类型；选择与确定采用什么样的挖掘算法来实现；搜索工艺数据中的模式和选择相应算法的参数，分析工艺数据并产生一个特定的模式或数据集。目前，应用在工艺知识发现方面的数据挖掘算法主要有支持向量机、神经网络、分类、聚类、回归分析、关联规则等。

解释评估：它负责对工艺数据挖掘的结果和知识进行解释。经过用户评估将发现的冗余或无关的工艺知识删除。如果工艺知识不能满足用户的要求，就要返回前面的某些步骤反复提取。将发现的工艺知识以用户了解的方式呈现，包括对工艺知识进行可视化处理，也包括确定本次发现的工艺知识与以前发现的工艺知识是否抵触的过程。

（2）工艺知识智能推理。

加工工艺数据挖掘与知识发现的最终目的是利用工艺知识。工艺知识的利用包含两个方面：一是利用加工工艺规则进行工艺设计的辅助决策，二是借助典型工艺实例作为样板和参考辅助工艺设计。在企业工艺设计中，对新产品和零件的工艺设计通常需要借鉴以往

的工艺经验，有时会通过对原有工艺的修改进行新零件的工艺设计，这些参照工艺实际上起到了工艺设计样板的作用，因此，需要在工艺数据挖掘与知识发现的基础上，构建层次化、模块化的加工工艺知识库，进而通过加工工艺的智能推理策略和智能检索算法实现对工艺知识的有效利用。

加工工艺知识库包含加工工艺规则库和加工工艺实例库两大部分，分别储存了用于不同工艺设计阶段所需要的知识。加工工艺知识库一般具备模块化、层次化、不确定性、典型推理等特征。

加工工艺的智能推理和智能检索是在加工工艺设计过程中利用加工工艺知识来解决加工工艺设计问题的过程，如图4-7所示。首先，要在加工工艺知识中找到与问题答案接近的加工工艺知识，为了找到相近的解，必须对问题和工艺知识进行适当的结构化的描述，即定义检索约束和表示工艺知识；然后，通过智能检索法找到相近的加工工艺知识作为参考或样板，并对其加以智能修订来获得工艺设计的解。

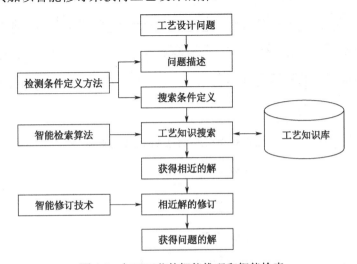

图 4-7　加工工艺的智能推理和智能检索

2. 加工性能智能预测

加工性能预测是在分析工艺路线、加工工序、加工参数等工艺条件对产品性能影响规律的基础上，对不同条件所获得产品的性能进行预判，从而不经过实际加工即可判定工艺方案的优劣并进行优化设计，以降低生产成本、缩短研制周期。加工性能智能预测是实现加工工艺智能优化的重要内容。

3. 加工参数智能优选

加工参数优选是通过实验设计与分析优化等手段，确定各加工参数的最优值，以在实际加工时能获得工艺性能优良的产品，并提高加工过程中原材料及能源的利用率。加工参数智能优选是实现加工工艺智能优化的关键。

4.3.2　加工智能监测

1. 加工监测内容及监测系统一般结构

加工监测技术研究起源于 20 世纪 50 年代，随着计算机技术的发展，该研究领域极为活跃，尤其是智能技术的盛行，更是为该领域的研究提供了许多理论方法。同时，该方向的研究也推动了传感技术、模式识别技术、信号处理技术和智能技术的发展。

加工监测包括许多方面，主要方面如图4-8所示。具体到某个方面，如刀具状态监测，实际上是一个模式识别过程。一个监测系统由研究对象（某类型加工过程）、信号采集、信号处理、特征提取、状态识别等模块组成，如图4-9所示。

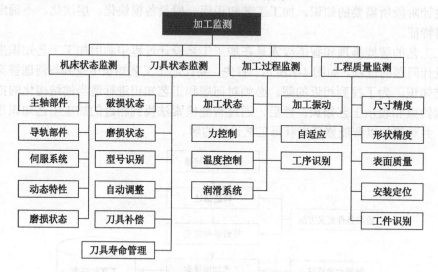

图4-8　加工监测包含的主要方面

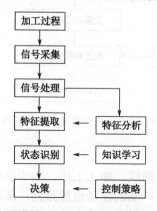

图4-9　监测系统的一般结构

2. 监测方法

传统监测方法：传统监测方法基于加工系统模型，并根据模型参数的变化或系统响应的变化来监测研究对象状态，称为基于模型方法。基于模型方法必须建立加工过程的动态模型，如AR模型、状态空间模型、回归方程等，系统可以通过模型来表述。这种模型方法属于灰箱方法。

智能检测方法：许多信号无法确定其系统模型，此时采用传统的建模方法无法获得准确的结果，必须引入人工智能，采用黑箱处理方法，即忽略复杂的过程分析，仅对系统的输入和输出进行观测，建立映射模型。为了提高监测的准确性、可靠性、灵敏度和实时性，无论是传感技术、信号处理方法，还是决策手段，都必须向智能化方向发展，使监测系统具有信息集成、自校正、自学习、自决策、自适应及自诊断等功能。目前，可用于监测的人工智能技术主要有人工神经网络、专家系统、模糊逻辑模式识别等，同时遗传算法、群组处理技术等也有应用。

3. 机器视觉检测控制技术[①]

机器视觉检测控制技术是用机器视觉、机器手代替人眼、人手来进行检测、测量、分析、判断和决策控制的智能测控技术。与其他检测控制技术相比，其优点主要包括：

（1）智能化程度高，具有人无法比拟的一致性和重复性。

（2）信息感知手段丰富，可以采用多种成像方式，获取空间、动态、结构等信息。

（3）检测速度快，准确率高，漏检率和误检率低。

（4）实时性好，可满足高速大批量在线检测的需求。

（5）机器视觉与智能控制技术结合，可实现基于视觉的高速运动控制、视觉伺服、精确定位和恰当力的优化控制，极大地提高控制精度。因此，机器视觉检测控制技术已经广泛应用于精密制造生产线、工业产品质量在线自动化检测、智能机器人、细微操作、工程机械等多个领域的智能制造装备中，在提高我国精密制造水平，保障汽车、电子、医药、食品、工业产品质量和重大工程安全施工等方面发挥巨大作用。

机器视觉检测控制技术系统一般由智能制造装备视觉成像系统、自动图像获取、图像预处理、图像定位与分割、图像识别与检测、视觉伺服与优化控制等部分组成。如图 4-10 所示。

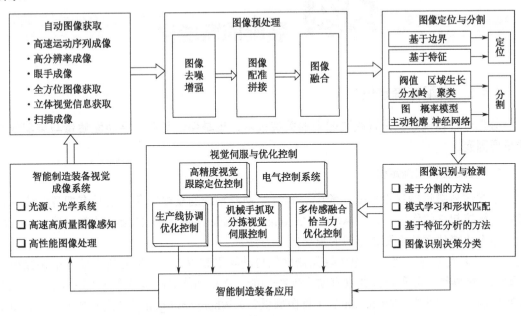

图 4-10　机器视觉检测控制技术系统

机器视觉检测控制技术系统的关键技术包括：成像、自动图像获取、图像预处理、图

① 王耀南等．智能制造装备视觉检测控制方法综述[J]．控制理论与应用，2015（3）：273-286.

像定位与分割、图像识别与检测方法等。

4.3.3 加工智能化的关键技术

1. 加工过程仿真与智能优化

针对不同零件的加工工艺、切削参数、进给速度等加工过程中影响零件加工质量的各种参数，通过基于加工模型的仿真，进行参数的预测和优化选取，生成优化的加工过程控制指令。加工过程模型仿真与优化涉及数控系统伺服特性分析、机床结构及其特性分析、动态切削过程的分析，以及在此基础上进行的切削参数优化和加工质量预测等。

2. 制造过程智能监控与误差补偿

利用各种传感器、远程监控与故障诊断技术，对加工过程中的振动、切削温度、刀具磨损、加工变形及设备的运行状态与健康状况等进行检测；根据预先建立的系统控制模型，实时调整加工参数，将检测数据反馈给控制系统进行数据分析与误差补偿。

3. 基于机器视觉的加工质量智能检测

机器视觉检测技术是基于机器视觉技术、光学测量原理形成的一种新型检测技术，它以光学为基础，融合电子学、计算机技术、激光技术、图像处理技术、信息处理等现代科学技术为一体，组成光、电、计算机综合的加工质量智能检测技术。

4.4 装配的智能化

4.4.1 装配精确定位

装配过程精确定位是智能装配中的关键技术，也是保证复杂产品装配质量与装配效率的重要因素。

1. 装配物料精确定位[①]

装配物料搬运输送设备是物流中心和生产物流系统的重要装备，它具有把各物流站、货物架衔接起来的作用。基于 AGV（Automated Guided Vehicle）的装配物料精确定位技术是近年来随着传感技术发展出现的重要定位方法。

AGV 是指装备了光学和电磁等元器件的自动导引装置，能够按照规定的导引路径和作业要求，精确地行驶和定位并具有安全保护功能、移载功能等的运输车（见图 4-11）。AGV 控制问题可以归纳为：Where am I?（我在哪里？）Where am I going?（我要去哪里？）How can I get there?（我怎么去？）这三个问题归纳起来分别就是 AGV 控制系统中的三个主要技术：AGV 的导航（Navigation），AGV 的路径规划（Layout designing），AGV 的导引控制

---

① 杨添瑞. 自动引导车精确定位技术研究[D]. 沈阳：沈阳航空航天大学，2015.

（Guidance）。按照传感器所获得的信息类型，AGV 定位方法可分为惯性定位法、测距定位法、感应定位法和组合定位法。

图 4-11　AGV

　　AGV 由于具有智能化、灵活性等特点，已经成为现代工业自动化物流系统中的关键设备之一。基于 AGV 的物流系统建模、多传感器多 AGV 协同定位和装配物料定位精度分析是实现准装配物料精确定位的关键技术。

2. 工装夹具精确定位

　　工装夹具的定位精度直接影响零件的装配精度。夹具是一种能够使工件按照一定的技术要求准确定位和牢固夹紧的工艺装置，它广泛应用在零件加工、检测和装配工艺过程中。在机械制造业中，夹具对装配质量、生产率和产品成本都有直接的影响，夹具设计和制造的时间在生产周期中占有较大的比重。装配工装夹具夹持顺序优化设计、柔性夹持工装运动性能分析和装配夹具定位方案定位质量评价技术等是实现装配工装技术精确定位的关键技术。

3. 装配机器人精确装配操作

　　装配机器人在工业领域有着广泛的应用。复杂装配任务中的机器人作业过程受到多种因素的影响。考察机器人在作业拓扑顺序可变、机构运动副含间隙、非结构化未知环境等复杂任务中的作业过程优化问题；研究机器人的运动规划、布局设计、动力学综合等是实现机器人精确装配操作的关键技术。

4.4.2　装配工艺规划

　　装配工艺规划是产品装配的重要内容之一，通过合理的装配工艺规划，可以避免装配过程中的工艺问题，有效地降低生产成本。装配工艺规划包括装配序列规划与装配路径规划。

1. 装配序列规划

　　装配序列规划是指在既定设计方案的前提下，探寻符合设计约束与生产要求的合理可行的装配序列。装配序列对装配工艺的制定和产品的装配质量影响重大，因而针对设计

方案，必须对装配序列进行优化，建立合理有效的装配序列，以缩短产品开发周期、降低装配成本。

目前的装配过程中，装配序列的生成主要依靠设计者的经验，而随着装配结构日益复杂，很难保证依靠设计经验生成的装配序列是最优的。装配序列规划方法主要有精确计算法和智能启发式算法两大类。精确计算法在产品结构复杂、零件数量庞大的情况下，往往无法得到理想结果，在此情况下，需要引入智能启发式算法。智能启发式算法主要有人工神经网络方法、模拟退火算法、遗传算法和蚁群算法、粒子群优化算法等。

2. 装配路径规划

装配路径规划是在装配模型与装配序列的基础上，针对装配作业，利用装配信息，对装配路径配置进行分析，构建合理、可行的装配路径。装配路径是保证产品装配的安全性、验证产品装配顺序合理、保证产品可装性及优化设计的重要手段。装配路径规划的目的就是寻找一条零件在装配过程中从初始位置到目标位置的合理空间运动路线，这就要求在此路线上运动时与其他装配物体，如工装、设备、零部件等不能产生任何碰撞。因此碰撞检测是装配路径点有效性判断的关键内容。

4.4.3 装配智能化的关键技术

1. 人机结合的虚拟装配技术

针对基于信息物理融合系统建立的模块化产品模型，建立装配过程的工艺模型和生产模型，在虚拟现实环境中对装配全过程进行仿真，虚拟展示现实生活中各种过程、物件等，从感官和视觉上尽量贴近真实，在人机工效分析基础上对装配全过程进行优化，保证装配全过程的顺利实施。人机结合的虚拟装配技术如图 4-12 所示。

图 4-12　人机结合的虚拟装配技术

2. 专用智能装配工艺装备的设计制造技术

对高精度、结构复杂的产品，装配过程的自动化、智能化必须借助定制的专用智能化工艺装备来实现。

3. 装配过程在线检测与监控技术

要建立复盖全过程的数字化测量与监控网络，通过传感器、RFID、MES、泛在工业物联网等实时感知、监控、分析、判断装配状态，实现装配过程的描述、监控、跟踪和反馈。

4. 智能装配制造执行技术

智能装配制造执行系统是集智能设计、智能预测、智能调度、智能诊断和智能决策于一体的智能化应用管理系统。因此需要应用 MES 对装配知识的管理技术，人工智能算法与 MES 的融合技术，MES 对生产行为的实时化、精细化管理技术，生产管控指标体系的实时重构技术。

4.5 服务的智能化

4.5.1 智能服务的概念

智能服务是智能制造的重要服务支撑。智能服务是指对智能制造的各个阶段、各个节点提供数据挖掘服务和知识推送服务。智能服务在集成现有的信息技术及其应用的基础上，以用户需求为中心，实现自动辨识用户的显性和隐性需求，并且主动、高效、安全、绿色地满足其需求。主动即主动辨识用户需求，从而主动提供服务；高效即用户获得的服务响应时间最短，体现智能服务的高效率；安全是智能服务的基础；绿色即节能环保，以较低的消耗获得较高的效果。智能服务国际典型案例是航空发动机的监测与诊断，对提高飞行安全性和经济性具有重要意义。

按照服务对象的不同，智能服务可分为面向装备服役的智能调节服务和面向装备设计的智能知识服务。面向装备设计的智能知识服务可以使智能制造过程围绕客户需求展开和延伸，更贴近客户需求，对于实现复杂装备按需定制的智能设计制造具有重要意义，如挖掘客户需求的智能服务系统、数控机床云资源设计服务等；面向装备服役的智能调节服务可以获得装备运行参数，借助智能服务工具，基于监控数据提供智能服务决策，使装备更可靠运行，如航空发动机大数据与智能监控系统、空分成套装备智能服役服务系统等。

4.5.2 智能服务分层结构及技术支撑

智能服务是在集成现有多方面的信息技术及其应用的基础上，以用户需求为中心，进行服务模式和商业模式的创新。因此，智能服务的实现需要跨平台、多元化的技术支撑。

1. 智能层

智能层包括需求解析功能集和服务反应功能集。需求解析功能集负责持续积累服务相关的环境、属性、状态、行为数据，建立围绕用户的特征库，挖掘服务对象的显性和隐性需求，构建服务需求模型；服务反应功能集负责结合服务需求模型，发出服务指令。智能层涉及的技术有存储与检索技术、特征识别技术、行为分析技术、数据挖掘技术、商业智能技术、人工智能技术、SOA 相关技术等。

2. 传送层

传送层负责交互层获取的用户信息的传输和路由,通过有线或无线等各种网络通道,将交互信息送达智能层的承载实体。传送层涉及的技术有弹性网络技术、可信网络技术、深度业务感知技术、无线网络技术、IPv6 等。

3. 交互层

系统和服务对象之间的接口层,借助各种软硬件设施,实现服务提供者与服务对象之间的双向交互,向用户提供服务体验,达成服务目标。交互层涉及的技术主要有视频采集技术、语音采集技术、环境感知技术、位置感知技术、时间同步技术、多媒体呈现技术、自动化控制技术等。

4.6 生产线及工厂的智能化

1. 智能生产线及工厂概念

生产线是按照对象原则组织起来,完成产品工艺过程的一种生产组织形式。随着产品制造精度、质量稳定性和生产柔性化要求地不断提高,制造生产线正向自动化、数字化和智能化的方向发展。智能生产线将先进工艺技术、先进管理理念集成融入生产过程,实现基于知识的工艺和生产过程全面优化、基于模型的产品全过程数字化制造及基于信息流、物流集成的智能化生产管控,以提高生产线运行效率,提升产品质量的稳定性。

智能工厂将智能设备与信息技术在工厂层级完美结合,涵盖企业生产、质量、物流等环节,是智能制造的典型代表,主要解决工厂、生产线(车间)及产品设计到制造实现的转换过程。智能工厂将设计规划从经验和手工方式,转化为计算机辅助数字仿真与优化的精确可靠的规划设计。在管理层,ERP 系统实现企业层面针对质量管理、生产绩效、依从性、产品总谱和生命周期管理等提供业务分析报告;在控制层,由 MES 系统实现对生产状态的实时掌控,快速处理制造过程中物料短缺、设备故障、人员缺勤等各种异常情形;在执行层,由工业机器人、数控机床和其他智能制造装备系统完成自动化生产流程。

2. 智能生产线及工厂架构

(1) 智能生产线架构。

与传统生产线相比,智能生产线的特点主要体现在感知、互联和智能三个方面。感知是对生产过程中涉及的产品、工具、设备、人员等进行识别;互联是实现数据的整合与交换;智能是在大数据和人工智能的支持下,实现制造全流程的状态预知和优化。如图 4-13 所示为智能生产线架构示意图。智能生产线由三层组成,制造数据准备层实现基于仿真优化和制造反馈的工艺设计和持续化,主要针对制造构成工艺、工装设计测量等环节进行规划并形成制造执行指介;优化与执行层实现生产线的生产管控,包括排产优化、生产冲突的集成控制与在线检测(过程监控)、质量物料管理等;网络与自动化层实现生产线自动化和智能化设备运行控制、互联互通及制造信息的感知和采集。构架中的使能技术支撑生产线建设和智能化运行；基础平台的核心是提供基础数据的一致性管理，各层级系统间数据集成及设备自动化集成。

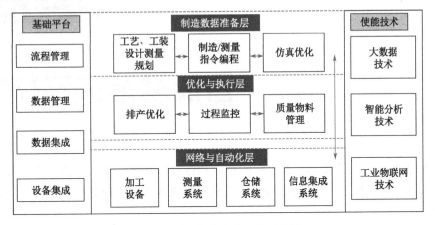

图 4-13　智能生产线架构示意图

（2）智能工厂架构。

如图 4-14 所示，智能工厂由虚拟数字工厂和物理系统中实体工厂（物理工厂）共同构成。物理工厂部署大量的车间、生产线、加工装备等，为制造过程提供硬件基础设施与制造资源，也是实际制造流程的最终载体；虚拟数字工厂在这些制造资源及制造流程的数字化模型基础上，在物理工厂生产之前，对整个制造流程进行全面的建模和验证。为了实现虚拟数字工厂与物理工厂之间的通信与融合，物理工厂各个制造单元中还配备有大量的智能元器件，用于对制造过程中的工况感知与制造数据的采集。在虚拟制造过程中，智能决策管理系统对制造过程进行不断地迭代优化，使制造流程达到最优；在实体制造过程中，智能决策管理控制系统则对制造过程进行实时地监控与调整，进而使制造过程体现自适应性、自优化等智能化特征。

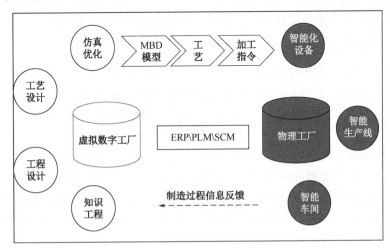

图 4-14　智能工厂架构

第5章

智能制造关键技术

智能制造是现代制造技术、人工智能技术和计算机技术三者结合的产物。智能制造关键技术主要有 RFID 技术、3D 打印技术、工业机器人技术、传感器技术、云计算技术、大数据技术等。

5.1 RFID 技术

5.1.1 RFID 技术认知

RFID（Radio Frequency Identification）全称无线射频识别技术，是一种无线通信技术，通过无线电信号识别特定目标并读写相关数据，无须在识别系统与特定目标之间建立机械或光学连接（即非接触）。

RFID 直接继承了雷达的概念，是无线电技术与雷达技术结合的一种新技术。1948 年哈里·斯托克曼发表的"利用反射功率的通信"奠定了 RFID 的理论基础。

1. RFID 系统构成

一套完整的 RFID 系统由阅读器、电子标签（即应答器），以及应用系统三部分组成，其工作原理是阅读器发射一个特定频率的无线电波能量给应答器，用以驱动应答器电路将内部的数据送出，此时阅读器便依序接收解读数据，送给应用程序做相应的处理。如图 5-1 所示。

阅读器（Reader）又称读写器。阅读器主要负责与电子标签双向通信，同时接收来自主机系统的控制指令。阅读器的频率决定了 RFID 系统工作的频段，其功率决定了射频识别的有效距离。阅读器根据使用的结构和技术的不同可以是读或读/写装置，它是 RFID 系统的信息控制和处理中心。阅读器通常由射频接口、逻辑控制单元和天线三部分组成，如图 5-2 所示。图 5-3 所示为典型的 RFID 阅读器。

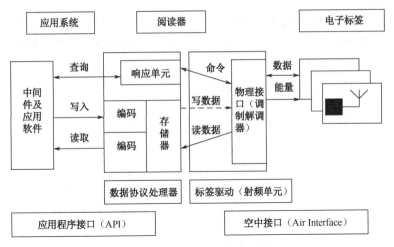

图 5-1 RFID 系统构成

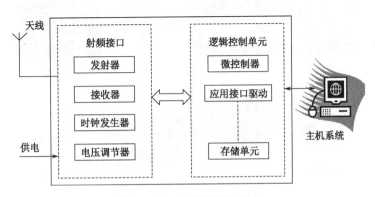

图 5-2 RFID 阅读器的组成

图 5-3 典型的 RFID 阅读器

电子标签（Electronic Tag）也称为智能标签（Smart Tag），是由 IC 芯片和无线通信天线组成的超微型的小标签，其内置的射频天线用于和阅读器进行通信。每个标签具有唯一的电子编码，附着在物体上标识目标对象。电子标签是 RFID 系统中真正的数据载体。系统工作时，阅读器发出查询（能量）信号，电子标签在收到查询（能量）信号后将其一部分整流为直流电源供电子标签内的电路工作，一部分能量信号被电子标签内保存的数据信息调制后反射回阅读器，如图 5-4 所示。图 5-5 所示为典型的 RFID 电子标签。

RFID 中间件是一种独立的系统软件或服务程序，安装在客户机、服务器的操作系统中，管理计算机资源和网络通信，实现阅读器协调控制、数据过滤与处理、数据路由与集成及进程管理功能，如图 5-6 所示。

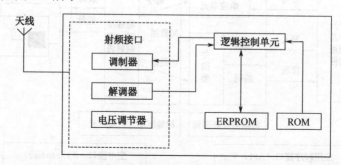

图 5-4　RFID 电子标签的工作原理

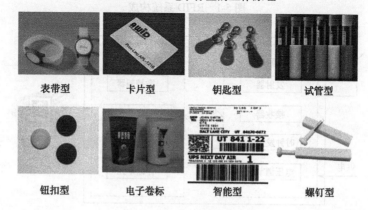

表带型	卡片型	钥匙型	试管型
钮扣型	电子卷标	智能型	螺钉型

图 5-5　典型的 RFID 电子标签

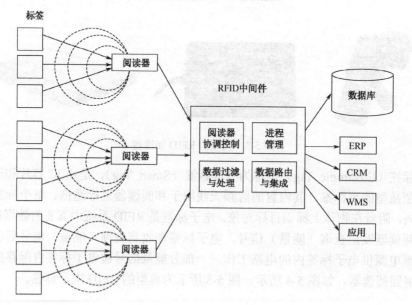

图 5-6　RFID 中间件的功能

2．RFID 产品主要类型及应用

（1）RFID 产品按自身是否含有电源、能否主动发射信号分为无源 RFID 产品、有源 RFID 产品和半有源 RFID 产品三种。

无源 RFID 产品是发展最早、最成熟、市场应用最广的产品。比如，公交卡、食堂餐卡、宾馆门禁卡、二代身份证等，如图 5-7 所示，这些无源 RFID 产品在我们的日常生活中随处可见，属于近距离接触式识别类。

门禁卡　　　　　　　　　　公交卡　　　　　　　　　　身份证

图 5-7　无源 RFID 产品

有源 RFID 产品是这几年慢慢发展起来的，其远距离自动识别的特性决定了其巨大的应用空间和市场潜质。在远距离自动识别领域，如智能监狱，智能医院，智能停车场，智能交通，智慧城市，智慧地球及物联网等领域有重大应用。有源 RFID 产品在这个领域异军突起，属于远距离自动识别类。产品主要工作频率有超高频 433MHz，微波 2.45GHz 和 5.8GHz。

半有源 RFID 产品结合有源 RFID 产品及无源 RFID 产品的优势，在低频 125kHz 频率的触发下，让微波 2.45GHz 发挥优势。半有源 RFID 技术也称为低频激活触发技术，利用低频近距离精确定位，微波远距离识别和上传数据，来解决单纯的有源 RFID 产品和无源 RFID 产品无法实现的功能，可在各种恶劣环境下自由工作。短距离射频产品不怕油渍、灰尘污染等恶劣的环境，可以替代条码，例如，用在工厂的流水线上跟踪物体。长距射频产品多用于交通上，识别距离可达几十米，如自动收费或识别车辆身份等。

（2）RFID 产品按工作频率的不同又可分为低频、高频、超高频、极高频 RFID 产品。

① 低频 RFID 产品。

低频 RFID 产品广泛应用于：畜牧业的管理系统、马拉松赛跑系统、汽车防盗和无钥匙开门系统、自动停车场收费和车辆管理系统（见图 5-8）、自动加油系统的应用、门禁和安全管理系统等。

低频 RFID 产品通过电感耦合方式进行工作，即在阅读器天线与低频电子标签天线之间存在着变压器耦合作用。通过阅读器交变磁场的作用，在低频电子标签中感应的电压被整流，作为供电电压使用。低频 RFID 产品工作频率范围为 30～300kHz。典型工作频率有 125kHz 和 133kHz。低频电子标签与阅读器之间传送数据时，低频电子标签须位于阅读器天线辐射的近场区内。其优势如下：

- 低频电子标签芯片一般采用普通的 CMOS 工艺，具有省电、廉价的特点。
- 低频电子标签工作频率不受无线电频率管制约束，受温度、湿度、障碍物的影响小，可以穿透水、有机组织、木材等，能够在各种恶劣的环境下工作。
- 非常适合近距离的、低速度的、数据量要求较小的识别应用（如科学规范化养殖，野生动物跟踪保护等领域）。

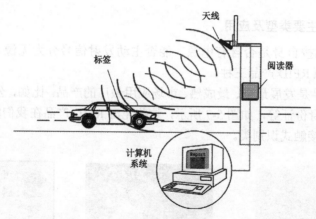

图 5-8　自动停车场收费和车辆管理系统

低频 RFID 产品的劣势如下：

- 低频电子标签的阅读距离短，一般情况下小于 8cm。
- 低频作用范围现在只适合低速、近距离识别应用（动物识别、物体识别系统等）。
- 传送数据速度较慢。
- 电子标签存贮数据量较少。
- 低频电子标签灵活性差，不易被识别。
- 数据传输速率低，在短时间内只能一对一的读取电子标签。
- 与超高频电子标签相比，低频电子标签天线匝数更多，成本更高一些。
- 低频电子标签安全保密性差，易被破解。

② 高频 RFID 产品。

高频 RFID 产品的主要应用系统有：图书管理系统（见图 5-9）、服装生产线和物流系统、酒店门锁管理系统、固定资产管理系统、医药物流系统、智能货架管理系统等。

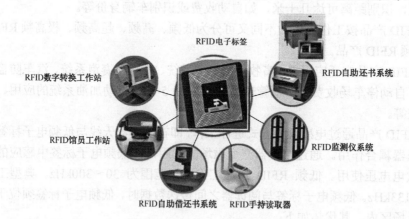

图 5-9　图书管理系统

高频 RFID 产品的应答器（即电子标签）不再需要线圈进行绕制，可以通过腐蚀或印制的方式制作天线。应答器一般通过负载调制的方式进行工作，即通过应答器上负载电阻的接通和断开促使阅读器天线上的电压发生变化，实现用远距离应答器对天线电压进行振幅调制。通过数据控制负载电压的接通和断开，这些数据就能够从应答器传输到阅读器。该产品主要有以下特性：

- 工作频率为 13.56MHz，该频率的波长大概为 22m。
- 除金属材料外，该频率的波长可以穿过大多数的材料，但是往往会减小读取距离。电子标签需要离开金属 4mm 以上距离，其抗金属效果在几个频段中较为优良。
- 该频段在全球都得到认可且没有特殊的限制。
- 该系统具有防冲撞特性，可以同时读取多个电子标签。
- 可以把某些数据信息写入电子标签中。
- 数据传输速率比低频快，价格不是很贵。

③ 超高频 RFID 产品。

超高频 RFID 产品的主要应用系统有：ETC 系统、供应链管理系统、生产线自动化管理系统（见图 5-10）、航空包裹管理系统、集装箱管理系统、铁路包裹管理系统、后勤管理系统等。

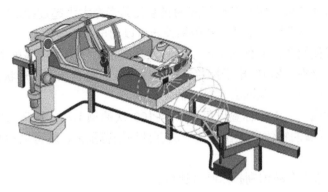

图 5-10　生产线自动化管理系统

超高频系统通过电场来传输能量，读取距离比较远，无源可达 10m 左右。主要通过电容耦合方式工作，可以识别高速运动的物体，也可以同时识读多个对象，该产品主要有以下特性：

- 全球对超高频电子标签频段的定义不尽相同，例如，我国的频段为 840～844MHz 和 920～924MHz，欧洲和部分亚洲国家定义的频率为 868MHz，北美定义的频段为 902～905MHz，在日本建议的频段为 950～956MHz。该频段的波长大概为 30cm 左右。
- 该频段功率输出没有统一的定义，美国定义为 4W，欧洲定义为 500mW，未来可能会上升到 2W EIRP（等效全向辐射功率）。
- 超高频频段的电波不能通过许多材料，特别是金属、液体、灰尘、雾等悬浮颗粒物质，即环境对超高频段的影响很大。
- 电子标签的天线一般是长条形或标签状，有线性和圆极化两种设计，满足不同应用的需求。
- 该频段有较远的读取距离，但是很难定义读取区域。
- 有很高的数据传输速率，在很短的时间可以读取大量的电子标签。

④ 极高频 RFID 产品。

极高频 RFID 产品的工作频率为 2.45GHz、5.8GHz。该产品的特性和应用与超高频

RFID 产品相似，但是对于环境的敏感性较高，一般应用于行李追踪、物品管理、供应链管理等。

5.1.2 RFID 技术优势

与其他识别技术相比，RFID 技术具有以下优势。

（1）读取方便快捷。数据的读取无须光源，甚至可以透过外包装来进行。有效识别距离更大，采用自带电池的主动电子标签时，有效识别距离可达到 30m 以上。

（2）识别速度快。电子标签一进入磁场，阅读器就可以即时读取其中的信息，而且能够同时处理多个电子标签，实现批量识别。

（3）数据容量大。数据容量最大的二维条形码（PDF417），最多也只能存储 2725 个数字；若包含字母，存储量则会更少；RFID 电子标签则可以根据用户的需要扩充到数十 KB。

（4）使用寿命长，应用范围广。它的无线电通信方式，使其可以应用于粉尘、油污等高污染环境和放射性环境，而且其封闭式的包装使其寿命大大超过印刷的条形码。

（5）电子标签数据可动态更改。利用编程器可以向电子标签写入数据，从而使 RFID 电子标签具备交互式便携数据文件的功能，且写入时间相比打印条形码更少。

（6）更好的安全性。RFID 电子标签不仅可以嵌入或附着在不同形状、类型的产品上，还可以设置读写密码保护，从而具有更高的安全性。

（7）动态实时通信。电子标签以每秒 50～100 次的频率与阅读器进行通信，所以只要 RFID 电子标签所附着的物体出现在阅读器的有效识别范围内，就可以对其位置进行动态的追踪和监控。

表 5-1 所示为常用自动识别技术特性比较。

表 5-1　常用自动识别技术特性比较

系统参数	自动识别技术				
	条形码	OCR	生物识别	IC 卡	RFID
典型数据量	1～100B	1～100B	—	16～64KB	16～64KB
数据密度	低	低	高	很高	很高
数据载体	纸、塑料或金属表面	物体表面	生物本身	EEPROM	EEPROM
读取方式	CCD 或激光扫描	光电转换	机器识读	电擦写	无线方式
人工读取	受限	简单	不可	不可	不可
遮盖的影响	完全失效	完全失效	依赖于具体的实现技术		不影响
方向和位置的影响	很小	很小	—	单向	不影响
退化和磨损	有限	有限	—	有（接触）	不影响
购买成本	很低	高	很高	低	中
运行成本	低	低	无	有（接触）	无
安全性能	无	无	无	好	好
阅读/读取速度	慢，约 4s	慢，约 3s	较慢	较慢	快，约 0.5s
阅读器/读与器/扫描器和载体之间最大距离	0～50cm	小于 1cm	0～30cm	直接接触	0～5cm，微波频段更远

5.1.3 RFID 技术发展

1. 国内外 RFID 产业发展现状

从产业链上看，RFID 的产业链主要由芯片设计、标签封装、读写器的设计和制造、系统集成、中间件、应用软件开发等环节组成。从行业竞争情况来看，目前国内企业在标签封装、测试和系统集成环节具有较强的竞争优势。而在芯片设计，中间件、应用软件开发方面则主要由国外厂商掌控，其中芯片设计主要厂商包括 NXP、TI、Impinj 等；中间件、应用软件开发则由 IBM、微软、甲骨文等少数软件厂商垄断。

（1）国外 RFID 产业发展现状。

从全球来看，美国已经在 RFID 标准的建立、相关软硬件技术的开发、应用领域走在世界的前列。欧洲 RFID 标准追随美国主导的 EPCglobal 标准。在封闭系统应用方面，欧洲与美国基本处在同一阶段。日本虽然已经提出 UID 标准，但主要得到的是本国厂商的支持，如要成为国际标准还有很长的路要走。

从全球产业格局来看，目前 RFID 产业主要集中在 RFID 技术应用比较成熟的欧美市场，且不断呈现加速的趋势。例如，美国的 TI 公司，不断从技术方面加大新型 RFID 芯片的研发力度，更新原有产品，为政府和安全部门开发最新的智能 IC 平台；NXP 公司不断扩充 RFID 芯片生产线，加强研究 RFID 解决方案。

RFID 最早应用于物流、库存管理和防盗等领域，实现的功能相对单一。不过，随着成本的下降，RFID 开始向安全管理、医疗、运输、食品安全等领域拓展，RFID 系统也变得更加多元和复杂。

随着标签朝小型化方向发展，以及与各类传感器、软件系统的对接，RFID 系统拥有了远程监控和操纵的能力，数据管理方面的潜力获得解放，适用领域进一步扩大。例如，已经出现了通过互联网来远程遥控工业应用和医疗应用的电冰箱；通过 RFID 实现对温度、冰箱内的物品数量及变化情况等精密管理；通过将病人信息植入 RFID 中，实现低成本的远程医疗等。

（2）我国 RFID 产业发展现状。

相较于欧美等发达国家或地区，我国在 RFID 产业上的发展还较为落后。目前我国还未形成成熟的 RFID 产业链，产品的核心技术基本还掌握在国外公司的手里，尤其是芯片、中间件等方面。中低频、高频标签封装技术在我国已经基本成熟，但是只有极少数企业具备超高频读写器的设计制造能力。国内企业基本具有 RFID 天线的设计和研发能力。系统集成是发展相对较快的环节，而中间件及后台应用软件部分还比较薄弱。

2006 年 6 月 9 日以来，我国相继颁布了《中国射频识别技术政策白皮书》《800/900MHz 频段试运行规定》等相关政策规定，表明国家已经开始 RFID 的技术研发和标准制定，我国的 RFID 产业进入了加速发展的轨道。RFID 已经进入各行各业，形成了 RFID 低频和高频的完整产业链和京、沪、粤为主的空间布局。近年来，我国有关政府部门对 RFID 的政策扶持力度持续加大，为 RFID 的发展创造了一个良好的成长环境。

目前，我国的 RFID 技术已经在食品、动物识别、身份识别、防伪、资产管理、物流、零售、制造业、服装业、医疗、汽车、航空、军事等众多领域开始应用。例如，图书馆管理，食品、药物安全追溯，铁路列车号识别，身份证和票证管理，动物标识，特种设备与

危险品管理，公共交通管理，以及生产过程管理等。RFID 技术对改善人们的生活质量、提高企业经济效益、加强公共安全，以及提高社会信息化水平产生了重要的影响。

2. RFID 技术面临的主要问题

在现阶段，RFID 应用仍有一些关键性的问题等待解决，具体包括以下几方面。

（1）成本问题。成本影响了 RFID 的拓展速度，改善制造流程与提高市场规模是 RFID 降价的关键。

（2）信号干扰问题。RFID 主要基于无线电波传送原理，当无线电波遇到金属或液体时，信号传导会产生干扰与衰减，进而影响数据读取的可靠性与准确度。在一些特殊环境中，如将 RFID 标签贴于装饮料的铝罐外或计算机金属外壳上，都会遇到这类问题。

（3）频段管制问题。目前，各国电磁波管制频段的范围不尽相同，尤其是在超高频和微波频段，各国开放的频率不一，使得 RFID 在跨国应用时产生许多问题。RFID 设备制造商正朝着提供多频段功能的方式来解决此问题，但这样会增加设备成本，不利于应用推广。

（4）国际标准制定。目前，RFID 技术及标准的制定机构包括 EPCglobal 与 ISO，其中，EPCglobal 制定了 EPC（Electronic Product Code）标准，使用 UHF 频段。ISO 制定了 ISO14443A/B、ISO15693 与 ISO18000 标准，前两者采用 13.56MHz，后者采用 860.930MHz。

（5）隐私权问题。RFID 具有追踪物品的功能，尤其是在消费性商品的使用上。当消费者在超市中购买商品时，商品的 RFID 信息存在着被少部分人刻意收集，从而侵犯他人隐私权的可能性。该项质疑使 RFID 的大量应用存在不确定性，还需各国主管机关制定法规并加以解决。

5.2 3D 打印技术

5.2.1 3D 打印技术认知[①]

3D 打印技术学术上又称"添材制造"（additive manufacturing）技术，也称增材制造或增量制造技术（各种成形制造方法如图 5-11 所示）。根据美国材料与试验协会（ASTM）2009年成立的 3D 打印技术委员会公布的定义可知，3D 打印与传统的材料加工方法截然相反，是一种基于三维 CAD 模型数据，通过增加材料逐层打印，制造与相应数学模型完全一致的三维物理实体模型的制造方法[①]。3D 打印操作过程如图 5-12 所示。3D 打印技术内容涵盖了与产品生命周期前端的"快速原型"（rapid prototyping）和全生产周期的"快速制造"相关的所有打印工艺技术、设备类别和应用。

3D 打印具有以下特点和优势。

（1）数字制造。借助 CAD 等软件将产品结构数字化，驱动机器设备加工制造成器件；数字化文件还可借助网络进行传递，实现异地分散化制造的生产模式。

---

① 李小丽等. 3D 打印技术及应用趋势[J]. 自动化仪表，2014（1）：1-5.

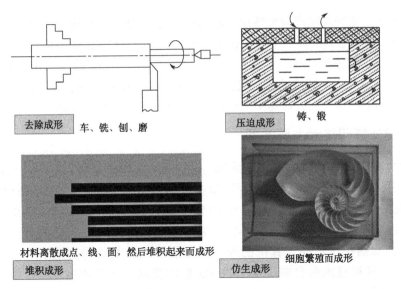

图 5-11 成形制造方法

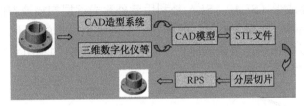

图 5-12 3D 打印操作过程

（2）降维制造（分层制造）。即把三维结构的物体先分解成二维层状结构，逐层累加形成三维物品。因此，原理上 3D 打印技术可以制造出任何复杂结构的产品，而且制造过程更柔性化。

（3）堆积制造。"从下而上"的堆积方式对于实现非匀致材料、功能梯度的器件更有优势。

（4）直接制造。任何高性能难成形的部件均可通过 3D 打印方式一次性直接制造出来，不需要通过组装拼接等复杂过程来实现。

（5）快速制造。打印制造工艺流程短、全自动可实现现场制造，因此，制造更快速更高效。

基于 3D 打印的特点和优势，3D 打印技术将可能从以下三个方面深刻改变传统制造业的形态。

（1）变革制造工艺。3D 打印改变了通过对原材料切削、组装进行生产的加工模式，节省了材料和加工时间。例如，在航空航天工业领域中应用的金属部件通常是由高成本的固体钛加工而成的，若采用传统切削加工，产生的切削材料对于飞行器的制作是毫无利用价值的。

（2）变革制造技术。随着 3D 打印技术的不断成熟，将推动与其相关新材料技术、智能制造技术等实现大的飞跃，从而带动相关产业的发展。

（3）变革制造模式。3D 打印将可能改变第二次工业革命产生的以装配生产线为代表的

大规模生产方式，使产品生产向个性化、定制化转变。3D 打印机的推广应用将缩短产品推向市场的时间，消费者只要简单下载设计图，在数小时内通过 3D 打印机就可将产品打印出来，从而不需要大规模生产线，不需要大量的生产工人，不需要库存大量的零部件，即所谓的社会化制造。社会化制造的另一优势是通过制造资源网和互联网，快速建立高效的供应链市场销售和用户服务网，这是实现敏捷制造、精益制造和可持续发展的一种生产模式。

5.2.2　3D 打印技术主要类型[①]

根据 3D 打印所用材料的状态及成形方法，3D 打印技术可以分为：熔融沉积成形（FDM）、光固化立体成形（SLA）、分层实体制造（LOM）、激光选区熔化（SLM）、电子束选区熔化（EBM）、金属激光熔融沉积（LDMD）、电子束熔丝沉积成形（EBF）。

（1）熔融沉积成形（FDM）。FDM 是以丝状的 PLA、ABS 等热塑性材料为原料，通过加工头的加热挤压，在计算机的控制下逐层堆积，最终得到成形的立体零件，如图 5-13 所示。这种技术是目前最常见的 3D 打印技术，技术成熟度高、成本较低，可以进行彩色打印。

（2）光固化立体成形（SLA）。SLA 是利用紫外激光逐层扫描液态的光敏聚合物，如丙烯酸树脂、环氧树脂等，实现液态材料的固化，逐渐堆积成形的技术，如图 5-14 所示。这种堆积成形技术可以制作结构复杂的零件，零件精度及材料的利用率高，缺点是能用于成形的材料种类少、工艺成本高。

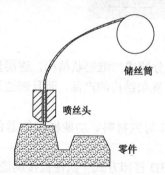

图 5-13　熔融沉积成形（FDM）

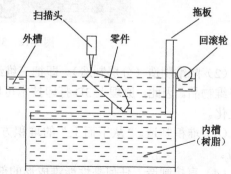

图 5-14　光固化立体成形（SLA）

（3）分层实体制造（LOM）。LOM 是以薄片材料为原料，如纸金属箔、塑料薄膜等，在材料表面涂覆热熔胶，再根据每层截面形状进行切割粘贴，实现零件的立体成形，如图 5-15 所示。这种技术速度较快，可以成形大尺寸的零件，但是材料浪费严重、表面质量差。

（4）激光选区熔化（SLM）。SLM 成形技术以激光束为热源，在真空环境下，以金属粉末为成形材料，通过不断在粉末床上铺展金属粉末，然后用电子束扫描熔化，使一个个小的熔池相互熔合并凝固，这样不断进行，形成一个完整的金属零件实体，如图 5-16 所示。通过这种技术可以成形出结构复杂、性能优异、表面质量良好的金属零件，但目前这种技术无法成形出大尺寸的零件。

[①] 张学军等. 打印技术研究现状和关键技术[J]. 材料工程，2016（2）：122-128.

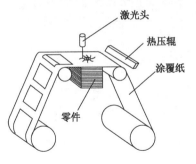

图 5-15　分层实体制造（LOM）

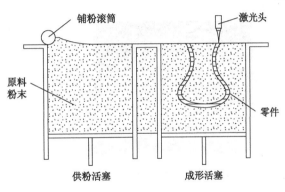

图 5-16　激光选区熔化（SLM）

（5）电子束选区熔化（EBM）。EBM 成形技术的原理与 SLM 类似，也是一种基于粉末床的铺粉成形技术，只是热源由激光束换成了电子束。这种技术也可以成形出结构复杂、性能优良的金属零件，但是成形尺寸受到粉末床和真空室的限制。

（6）金属激光熔融沉积（LDMD）。LDMD 以激光束为热源，通过自动送粉装置将金属粉末同步、精确地送入激光在成形表面上所形成的熔池中。随着激光斑点的移动，粉末不断地送入熔池中熔化，然后凝固，最终得到所需要的形状。这种成形工艺可以成形大尺寸的金属零件，但是无法成形结构非常复杂的零件。

（7）电子束熔丝沉积成形（EBF）。EBF 又称电子束自由成形制造技术，是在真空环境中以电子束为热源，金属丝材为成形材料，通过送丝装置将金属丝送入熔池，并按设定轨迹运动，直到制造出目标零件或毛坯。这种方法效率高成形零件内部质量好，但是成形精度及表面质量差，且不适用于塑性较差的材料，因无法加工成丝材。

5.2.3　3D 打印技术的应用

1. 3D 打印技术的主要应用领域

3D 打印的应用对象可以是任何行业。目前，3D 打印技术已在工业设计、文化艺术、机械制造、航空航天、军事、建筑、影视、家电、轻工、医学、考古、雕刻、首饰等领域得到了应用。随着技术自身的发展，其应用领域将不断拓展，这些应用主要体现在以下十个方面。

（1）设计方案评审。借助于 3D 打印的实体模型，不同专业领域的人员（设计、制造人员，市场客户）可以对产品实现方案、外观、人机功效等进行实物评价。如图 5-17 所示为概念汽车 3D 打印模型。

（2）制造工艺与装配检验。3D 打印可以较精确地制造出产品零件中的任意结构细节，借助 3D 打印的实体模型、结合设计文件，就可有效指导零件和模具的工艺设计，或进行产品装配检验，避免结构和工艺设计错误。

（3）功能样件制造与性能测试。3D 打印的实体原型本身具有一定的结构性能，同时利用 3D 打印技术可直接制造金属零件样件（见图 5-18），或制造出熔（蜡）模；再通过熔模铸造金属零件，甚至可以打印制造出特殊要求的功能零件和样件等。

图 5-17　概念汽车 3D 打印模型

图 5-18　3D 打印金属零件样件

（4）快速模具小批量制造。以 3D 打印制造的原型作为模板，制作硅胶树脂低熔点合金等快速模具，可便捷地实现几十件到数百件零件的小批量制造。

（5）建筑总体与装修展示评价。利用 3D 打印技术可实现模型真彩及纹理打印的特点，可快速制造出建筑的设计模型，进行建筑总体布局结构方案的展示和评价。

（6）科学计算数据实体可视化。计算机辅助工程地理地形信息等科学计算数据可通过彩色打印，实现几何结构与分析数据的实体可视化。

（7）医学与医疗工程。通过医学 3D 数据的三维重建技术，利用 3D 打印技术制造器官、骨骼等实体模型，辅助手术方案设计；在实际的应用中，还可以利用 3D 打印技术制造假肢、助听器等康复医疗器械具。

（8）首饰及日用品快速开发与个性化定制。利用 3D 打印制作蜡模，通过精密铸造实现首饰和工艺品的快速开发和个性化定制。

（9）动漫造型评价。借助 3D 打印，可实现动漫等模型的快速制造，指导和评价动漫造型设计。

（10）电子器件的设计与制作。利用 3D 打印，可在玻璃、柔性透明树脂等基板上，设计制作电子器件和光学器件，如太阳能光伏器件等。

2. 3D 打印技术存在的主要问题

3D 打印技术已经取得了显著的进展，但仍存在以下几方面问题。

（1）3D 打印的耗材。耗材是目前制约 3D 打印技术广泛应用的关键因素。目前已研发的材料主要有塑料树脂和金属等，然而 3D 打印技术要实现更多领域的应用，就需要开发出更多的可打印材料，根据材料特点深入研究加工、结构与材料之间的关系，开发质量测试程序和方法，建立材料性能数据的规范性标准等。此外，在一些关键产业领域，寻找合适的材料也是一大挑战，例如，空客概念飞机的仿真结构，要求机身必须透明且有很高的硬度。为符合这些要求就需要研发新型的复合材料。Xerox PARC 研究中心的研究人员正在致力于可打印电子产品的新工艺研究，但是目前的可用原料还不多。在打印材料方面，以色列 Objet 公司处于领先地位。最近，该公司宣布为 Connex 系列多材料 3D 打印机新开发了几十种新的"数字材料"。除了"数字材料"，该公司可供客户选择的基本材料已多达上百种，这些材料的质地、韧性、刚度、强度都各不相同。目前，该公司可提供近百种"数字材料"，这些材料都是由公司提供的基本材料复合而成的，这样可使设计师、工程师和制造商能够非常精确地模拟其最终产品的材料性能。用户使用 Connex 多材料 3D 打印机，可以在一个模型中同时使用多达十多种不同硬度和透明度的材料。

此外，目前对金属材料进行 3D 打印的需求尤为迫切，如工具钢、不锈钢、钛合金、镍基合金、银合金等，但目前这些打印技术尚未完全突破。

（2）3D 打印机。据报道，世界上目前只有一种 3D 打印机能够同时打印出多种材料的产品。由于打印工艺发展还不完善，快速成形零件的精度和表面质量大多不能满足工程直接使用的要求，只能做原型使用。3D 打印产品由于采用叠加制造工艺，层与层之间连接得再紧密，目前也很难与传统锻件相媲美。

（3）3D 打印的价格。目前，3D 打印价格方面的优势尚不明显，因此，3D 打印技术在一段时间内还无法全面取代传统制造技术。但是在单件小批量、个性化订制和网络社区化生产方面，3D 打印具有无可比拟的优势。

5.3　工业机器人技术

5.3.1　工业机器人概述

1. 机器人的起源

1886 年法国作家利尔亚当在他的小说《未来夏娃》中将外表像人的机器起名为"安德罗丁"（Android），它由生命系统、造型解质、人造肌肉和人造皮肤四部分组成。

1920 年捷克作家卡雷尔·卡佩克的科幻剧本《罗萨姆的万能机器人》中的主人公"Robota"是一个具有人的外表、特征与功能，并为人服务的机器人。英语的"Robot"（机器人）由此而来。

2. 机器人的定义

国际上，关于机器人的定义主要有以下几种。

美国机器人协会（RIA）的定义：机器人是"一种用于移动各种材料、零件、工具或专用装置的，通过可编程序动作来执行各种任务的，并具有编程能力的多功能机械手（manipulator）"。

日本工业机器人协会（JIRA）的定义：工业机器人是"一种装备有记忆装置和末端执行器（end effector），能够转动并通过自动完成各种移动来代替人类劳动的通用机器"。

国际标准化组织（ISO）的定义："机器人是一种自动的、位置可控的、具有编程能力的多功能机械手，这种机械手具有几个轴，能够借助可编程序操作来处理各种材料、零件、工具和专用装置，以执行各种任务"。

我国科学家对机器人的定义是"机器人是一种自动化的机器，所不同的是这种机器具备一些与人或生物相似的智能能力，如感知能力、规划能力、动作能力和协同能力，是一种具有高度灵活性的自动化机器"。

机器人技术是综合了计算机、控制论、机构学、信息和传感技术、人工智能、仿生学等多学科而形成的高新技术，是当代研究十分活跃、应用日益广泛的领域。机器人的应用情况是一个国家工业自动化水平的重要标志。

3. 机器人的分类

机器人按用途主要分为三大类，即工业机器人、服务机器人和特种机器人。

工业机器人就是面向工业领域的多关节机械手或多自由度机器人。

服务机器人是用于非制造业并服务于人类的各种先进机器人，包括家庭服务机器人（如清洁、陪护、烹饪等机器人）、休闲服务机器人（如写字、打乒乓球、舞蹈等服务机器人）、公共服务机器人（如服务员、自动驾驶、垃圾收集等服务机器人）、康复机器人（如假肢、意识控制等服务机器人）等，如图 5-19 所示。

（a）陪护机器人　　　　　　　　（b）假肢机器人

图 5-19　服务机器人

特种机器人是用于特殊行业的机器人，包括军用机器人（如无人机、战斗机等机器人）、农业机器人（如耕种、施肥、喷药等机器人）、探索机器人（如水下、太空、空间等危险环境探索机器人）、医疗机器人（如骨科手术、软组织手术机器人）等，如图 5-20 所示。

（a）手术机器人　　　　　　　　（b）火星探测车

图 5-20　特种机器人

4. 工业机器人的内涵

在工业领域内应用的机器人称为工业机器人。通常对工业机器人的定义是：工业机器人是一种能模拟人的手、臂的部分动作，按照预定的程序、轨迹及其他要求，实现抓取、搬运工件或操作工具的自动化装置。

工业机器人以刚性高的机械手臂为主体，与人相比，可以有更快的运动速度，可以搬更重的东西，而且定位精度相当高。它可以根据外部来的信号，自动进行各种操作。

工业机器人是应用计算机进行控制的替代人进行工作的高度自动化系统，是典型的机电一体化产品。

工业机器人在实现智能化、多功能化、柔性自动化生产、提高产品质量、代替人在恶劣环境条件下工作中发挥重大作用。

5.3.2 工业机器人的组成及主要技术参数

1. 工业机器人的组成

工业机器人由三大部分六个子系统组成。三大部分是机械部分、传感部分和控制部分；六个子系统是驱动系统、机械结构系统、感受系统、机器人—环境交互系统、人机交互系统和控制系统，如图 5-21 所示。

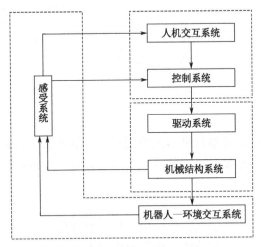

图 5-21 工业机器人的组成

（1）驱动系统。

要使机器人运行起来，需要给各个关节即每个自由度安置传动装置，这就是驱动系统。驱动系统可以是液压传动、气压传动、电动传动，或者把它们结合起来应用的综合系统；也可以直接驱动或通过同步带、链条、轮系、谐波齿轮等机械传动机构进行间接驱动。不同的驱动方式，其特点也不尽相同。

（2）机械结构系统。

工业机器人机械结构系统由基座、手臂、末端执行器三部分组成，如图 5-22 所示。每部分都由若干个自由度构成一个多自由度的机械系统。若基座具备行走机构，则构成行走机器人；若基座不具备行走及腰转机构，则构成单臂机器人。手臂一般由上臂、下臂和手腕组成。末端执行器是直接装在手腕上的一个重要部件，它可以是二手指或多手指的手爪，也可以是喷漆枪、焊具等作业工具。

（3）感受系统。

感受系统有内部传感器模块和外部传感器模块，用以获取内部和外部环境状态中有意义的信息。智能传感器的使用提高了机器人的机动性、适应性和智能化的水平。

（4）机器人—环境交互系统。

机器人—环境交互系统是实现工业机器人与外部环境中的设备相互联系和协调的系统。工业机器人与外部设备集成为一个功能单元，如加工制造单元、焊接单元、装配单元等。当然也可以是多台机器人、多台机床或设备、多个零件存储装置等集成为一个执行复杂任务的功能单元。

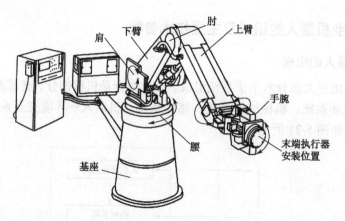

图 5-22 工业机器人结构

（5）人机交互系统。

人机交互系统是操作人员参与机器人控制并与机器人进行联系的装置，如计算机的标准终端、指令控制台、信号显示板、危险信号报警器等。该系统归纳起来包括指令给定装置和信息显示装置两大类。

（6）控制系统。

控制系统的任务是根据机器人的作业指令程序及从传感器反馈回来的信号支配机器人的执行机构去完成规定的运动和功能。若工业机器人不具备信息反馈特征，则为开环控制系统；若具备信息反馈特征，则为闭环控制系统。根据控制原理，控制系统可分为程序控制系统、适应性控制系统和人工智能系统。根据控制运动的形式，控制系统可分为点位控制和轨迹控制。如图 5-23 所示为工业机器人控制系统框图。

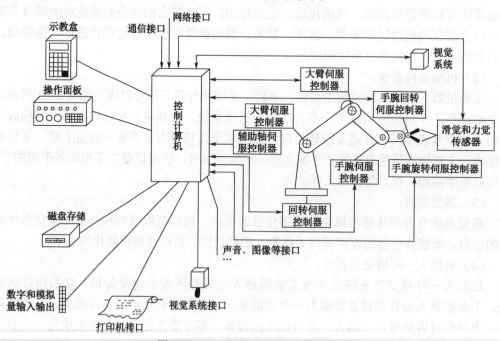

图 5-23 工业机器人控制系统框图

2. 工业机器人的主要技术参数

工业机器人的技术参数是各种工业机器人制造商在产品供货时所提出的技术数据。尽管不同机器人产品的结构、用途等有所不同，技术参数也不完全一样，但工业机器人的主要技术参数一般应包括自由度、重复定位精度、工作范围、最大工作速度和承载能力等。如图5-24所示为PUMA562工业机器人结构及其主要技术参数。

项目	技术参数
自由度	6
驱动	直流伺服电机
手爪控制	气动
控制器	系统机
重复定位精度	±0.1mm
承载能力	4.0kg
手腕中心最大距离	866mm
直线最大速度	0.5m/s
功率要求	1150W
质量	182kg

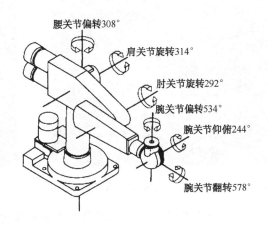

图5-24 PUMA562工业机器人结构及其主要技术参数

5.3.3 工业机器人应用与发展关键技术

1. 工业机器人在工业生产领域的主要应用

（1）机械加工应用。机械加工行业机器人应用量并不高，是因为市面上有许多自动化设备可以胜任机械加工的任务。机械加工机器人的主要应用领域包括零件铸造、激光切割及水射流切割。如图5-25所示是工业机器人在铸造领域的应用。

图5-25 工业机器人在铸造领域的应用

（2）机器人焊接应用。机器人在焊接领域应用比较广泛，主要包括在汽车行业中使用的点焊和弧焊。点焊机器人比弧焊机器人应用更广泛，不过弧焊机器人近年来发展势头十分迅猛。许多加工车间都逐步引入焊接机器人，实现自动化焊接作业。如图 5-26 所示为工业机器人在焊接领域的应用。

（3）机器人搬运应用。目前搬运仍然是机器人的第一大应用领域。许多自动化生产线使用机器人进行上下料、搬运及码垛等操作。近年来，随着协作机器人的兴起，搬运机器人的市场份额一直呈增长态势。如图 5-27 所示为工业机器人搬运应用。

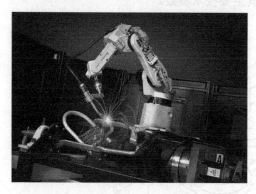

图 5-26　工业机器人在焊接领域的应用　　　　图 5-27　工业机器人搬运应用

（4）机器人装配应用。装配机器人主要从事零部件的安装、拆卸及修复等工作。由于近年来机器人传感器技术的飞速发展，机器人的应用越来越多样化，使机器人装配应用的比例有所下滑。如图 5-28 所示为工业机器人装配应用。

（5）机器人喷涂应用。机器人喷涂主要是指涂装、点胶、喷漆等工作。如图 5-29 所示为工业机器人喷涂应用。

图 5-28　工业机器人装配应用　　　　　　　图 5-29　工业机器人喷涂应用

2. 工业机器人发展的关键技术

机器人控制系统是机器人的大脑，是决定机器人功能和性能的主要因素。工业机器人控制技术的主要任务就是控制工业机器人在工作空间中的运动位置、姿态和轨迹、操作顺序及动作的时间等，具有编程简单、软件菜单操作、友好的人机交互界面、在线操作提示和使用方便等特点。工业机器人发展的关键技术包括以下几方面。

（1）开放性模块化的控制系统体系结构。采用分布式 CPU 计算机结构，分为机器人控制器（RC）、运动控制器（MC）、光电隔离 I/O 控制板、传感器处理板和编程示教盒等。机器人控制器（RC）和编程示教盒通过串口/CAN 总线进行通信。机器人控制器（RC）的主计算机完成机器人的运动规划、插补和位置伺服及主控逻辑、数字 I/O、传感器处理等功能，而编程示教盒完成信息的显示和按键的输入。

（2）模块化层次化的控制器软件系统。软件系统建立在基于开源的实时多任务操作系统 Linux 上，采用分层和模块化结构设计，以实现软件系统的开放性。整个控制器软件系统分为三个层次：硬件驱动层、核心层和应用层。三个层次分别面对不同的功能需求，对应不同层次的开发，系统中各个层次内部由若干个功能相对对立的模块组成，这些功能模块相互协作共同实现该层次功能。

（3）机器人的故障诊断与安全维护技术。通过各种信息，对机器人故障进行诊断，并进行相应的维护，是保证机器人安全性的关键技术。

（4）网络化机器人控制器技术。目前机器人的应用工程由单台机器人工作站向机器人生产线发展，机器人控制器的联网技术变得越来越重要。控制器上具有串口、现场总线及以太网的联网功能，可用于机器人控制器之间和机器人控制器同上位机的通信，便于对机器人生产线进行监控、诊断和管理。

5.4　传感器技术

5.4.1　传感器概述

1. 传感器的定义、组成和分类方法

（1）传感器的定义。

广义上，传感器是一种能把特定的信息（物理、化学、生物）按一定规律转换成某种可用信号输出的器件和装置。狭义上，传感器是能把外界非电信息转换成电信号输出的器件。国家标准（GB/T 7665—2005）对传感器（Sensor/transducer）的定义是：能够感受规定的被测量并按照一定规律转换成可用输出信号的器件和装置。

（2）传感器的组成。

传感器由敏感元件、转换元件、基本电路三部分组成，如图 5-30 所示。敏感元件是指传感器中能直接感受被测量的部分；转换元件是指传感器中能将敏感元件输出量转换为适合于传输和测量的电信号部分；基本电路是把电参量接入电路转换成电量，其中，核心部分是转换元件，决定传感器的工作原理。

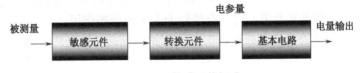

图 5-30　传感器的组成

（3）传感器的分类。

按传感器检测的范畴分类，包括物理量传感器、化学量传感器和生物量传感器等。

按传感器的输出信号分类，包括模拟传感器和数字传感器。

按传感器的结构分类，包括结构型传感器、物性型传感器和复合型传感器。

按传感器的功能分类，包括单功能传感器、多功能传感器、智能传感器等。

按传感器的转换原理分类，包括机—电传感器、光—电传感器、热—电传感器、磁—电传感器、电化学传感器等。

按传感器的能源分类，包括有源传感器和无源传感器。

国标制定的传感器分类体系表将传感器分为：物理量、化学量、生物类传感器三大门类，包括力学量、热学量、光学量、磁学量、电学量、声学量、射线、气体、离子、温度传感器及生化量、生理量传感器12个小类。

2. 传感器的地位及发展趋势

目前，传感器广泛用于工业、农业、商业、交通、环境监测、医疗诊断、军事科研、航空航天、现代办公设备、智能楼宇和家用电器等领域，是构建现代信息系统的重要组成部分。

现代工业生产尤其是自动化生产过程中，需要用各种传感器监视和控制生产过程的各个参数，传感器是自动控制系统的关键基础器件，直接影响到自动化技术的水平。

由此可见，传感器技术在发展经济、推动社会进步方面的重要作用是十分明显的。世界各国十分重视这一领域的发展。目前传感器总的发展趋势如下。

（1）新材料的开发、应用。

（2）新工艺、新技术的应用。

（3）利用新的效应开发新型传感器。

（4）传感器的多功能化。

（5）传感器的集成化。

（6）传感器的数字化和网络化。

（7）传感器的智能化。

5.4.2 智能传感器

1. 智能传感器的定义

目前，关于智能传感器的中、英文称谓尚未完全统一。英国人将智能传感器称为"Intelligent Sensor"；美国人则习惯于把智能传感器称作"Smart Sensor"，直译就是"灵巧的、聪明的传感器"。

所谓智能传感器就是带微处理器、兼有信息检测和信息处理功能的传感器。

智能传感器的最大特点就是将传感器检测信息的功能与微处理器的信息处理功能有机地融合在一起。从一定意义上讲，它具有类似于人工智能的作用。

需要指出，这里讲的"带微处理器"包含两种情况：一种是将传感器与微处理器集成在一个芯片上构成所谓的"单片智能传感器"，另一种是传感器能够配微处理器。显然，后者的定义范围更宽，但二者均属于智能传感器的范畴。

世界上第一个智能传感器是美国霍尼韦尔（Honeywell）公司在 1983 年开发的 ST3000 系列智能压力传感器，如图 5-31 所示。它具有多参数传感（差压、静压和温度）与智能化的信号调理功能。

2. 智能传感器的功能

（1）具有自校准和自诊断功能。智能传感器不仅能自动检测各种被测参数，还能进行自动调零、自动调平衡、自动校准，某些智能传感器还具有自标定功能。

（2）具有数据存储、逻辑判断和信息处理功能。它能对被测量进行信号调理或信号处理（包括对信号进行预处理、线性化，或对温度、静压力等参数进行自动补偿等）。

（3）具有组态功能，使用灵活。在智能传感器系统中可设置多种模块化的硬件和软件，用户可通过微处理器发出指令，改变智能传感器的硬件模块和软件模块的组合状态，完成不同的测量功能。

（4）具有双向通信功能。它能直接与微处理器（μP）或单片机（μC）通信。

图 5-31　ST3000 系列智能压力传感器

5.4.3　无线传感器网络技术

无线传感器网络（Wireless Sensor Network，WSN）被认为是 21 世纪最重要的技术之一，它将会对人类未来的生活方式产生深远影响。在 2003 年 2 月的美国《技术评论》杂志（《Technology Review》）评出的对人类未来生活产生深远影响的十大新兴技术中，WSN 位居第一。同年，美国《商业周刊》未来技术专版在论述四大新技术时，WSN 也被列入其中。

1. "无线传感器网络"术语的标准定义

无线传感器网络是大量静止或移动的传感器以自组织和多跳的方式构成的无线网络，其目的是协作地感知、采集、处理和传输网络覆盖地理区域内感知对象的监测信息，并报告给用户。如图 5-32 所示，大量的传感器节点将探测数据通过汇聚节点经其他网络发送给用户。

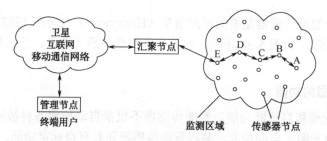

图 5-32　无线传感器网络

在这个定义中，传感器网络实现了数据采集、处理和传输三种功能，而这正对应着现代信息技术的三大基础技术，即传感器技术、计算机技术和通信技术。它们分别构成了信息系统的"感官"、"大脑"和"神经"三个部分。因此说，无线传感器网络正是这三种技术的结合，可以构成一个独立的现代信息系统。

那么这种大量的传感器网络节点是怎么组成的？实际上它由六个部分组成，如图 5-33 所示。这里传感模块负责探测目标的物理特征和现象，计算模块负责处理数据和系统管理，存储模块负责存放程序和数据，通信模块负责网络管理信息和探测数据信息的发送和接收。另外，电源模块负责节点供电，节点由嵌入式系统支撑，运行网络的五层协议。这五层协议包括物理层、数据链路层、网络层、传输层和应用层。物理层负责载波频率的产生、信号调制、解调；数据链路层负责媒体接入和差错控制；网络层负责路由发现与维护；传输层负责数据流的传输控制；应用层负责任务调度、数据分发等具体业务。

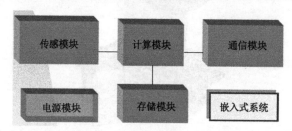

图 5-33　无线传感器网络节点组成

无线传感器网络的一个突出特点是采用了跨层设计技术，这一点与现有的 IP 网络不同。跨层设计包括能量分配、移动管理和应用优化。能量分配是为尽量延长网络的可用时间；移动管理主要对节点移动进行检测和注册；应用优化是根据应用需求优化调度任务。具体的一个节点实物示例如图 5-34 所示。图中右边是一枚五角硬币，左边是两个传感器节点实物，通过对比，可以看出传感器节点的体积是比较小的。正是这些微小的传感器节点构成了探测终端。

无线传感器网络与传统网络相比有一些独有的特点。

（1）节点密集，每个节点既是传感器又是路由器。

（2）具有有限的计算能力和通信能力及电源供应。

（3）独特的底层通信传输媒介。

（4）传感器节点间无中心、自组织，多案通信。

（5）可以同时通过多条信源—信宿路由传输数据。

（6）网络具有很强的鲁棒性和良好的伸缩性。

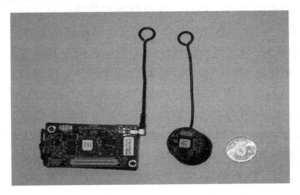

图 5-34　无线传感器网络节点实物示例

2. 无线传感器网络在工业领域的应用[1]

传感器网络已大量应用于工业生产中以提供实时的监控。但其中大部分都是有线传感器，这意味着比较高的安装和维护费用。而无线传感器的应用可以降低用于系统建设和基础设施的费用，减少操作的成本，提高产品质量和流水线运行的效率。而且无线传感器的自配置与自组织特性使得它更健壮，更适用于有害、危险与复杂的工厂环境。工业应用的典型案例如下。

（1）智能移动机器人和 WSN 的结合应用[2]。这是近年来才开始的应用方式。如在 Intel 的 PlantCare 项目中，基于 WSN 的移动机器人被用来调整已经配置好的传感器。ABB 集团则开发了一种生产线机器人，该机器人装载的传感器可以将磁能转化为自身的电力能源，此项技术可提高机器人的可靠性。

（2）借助 WSN 技术对货物进行实时监控。BP 利用 WSN 远程监控其工业用户的液化石油气罐的占用情况，使传输效率提高了 33%。而 General Motors 则安装了基于 WSN 的存货跟踪系统，实时跟踪从部件供应商到汽车购买者的整个环节，提高了原料运转情况和利用程度的可观察性，从而提升了供应链的效率。

（3）利用 WSN 对机器的健康程度进行遥测。该应用可以有效降低由于机器失效而导致的不必要的损失。General Motors 公司采用 WSN 技术监控传送带之类的生产设备，将监测到的数据通过无线网络发往计算机，从而使工程师可以预测机器的故障情况并提前进行处理。Intel 的 EcoSense 项目组正在部署一个利用 WSN 检测半导体生产机器的预维护系统，可以分析水处理设备的振动信号并将其用于预维护操作中。

3. 无线传感器网络的关键技术

（1）节点的通信覆盖范围只有几十米到几百米，如何在有限的通信能力条件下，完成探测数据的传输呢？无线通信是第一个关键技术。

（2）传感器节点采用电池供电，工作环境通常比较恶劣，一次部署终生使用，所以更

① 李春林，程健. 工业自动化领域中的无线技术[J]. 工业仪表与自动化装置，2007，Vol.1：45-47.
② 蒋鹏. 基于无线传感器网络的湿地水环境远程实时监测系统关键技术研究[J]. 传感技术学报，2007，Vol.20，No.1：183-186.

换电池就比较困难。如何节省电源、最大化网络生命周期？低功耗设计是第二个关键技术。

（3）无线传感器网络的节点体积小，处理器和存储器性能有限，不允许进行复杂算法的运算，计算能力有限。因此，嵌入式操作系统设计是第三个关键技术。

（4）无线传感器网络作为一种自组织的动态网络，没有基站支撑，由于节点失效、新节点加入，导致网络拓扑结构的动态性，需要自动愈合。多条自组织的网络路由协议是第四个关键技术。

（5）传感器网络是以数据为中心的网络，用户感兴趣的是数据而不是网络和传感器硬件。如何建立以数据为中心的传感器网络？数据融合方法是第五个关键技术。

（6）安全性是传感网络设计的重要问题。如何保护机密数据和防御网络攻击是第六个关键技术。

5.5 云计算技术①②③

5.5.1 云计算概述

1. 云计算概念

自云计算概念提出以来其内涵不断丰富，但研究者们对云计算始终没有统一的定义。美国加州大学伯克利分校发布的云计算白皮书认为云计算既是互联网上以服务形式提供的各类应用，也是数据中心为这些服务提供支持的软硬件资源。美国国家标准与技术研究院对云计算的定义为，云计算是一种按使用量付费的模式，这种模式提供可用、便捷、按需网络访问，进入可配置计算资源共享池（包括网络、服务器、存储、应用、服务等资源），这些资源能够被快速提供，且对云计算平台只需投入很少的管理工作，或与服务供应商进行很少的交互。

云计算机旨在通过网络把多个成本相对较低的计算实体整合成一个具有强大计算能力的系统，在此系统之上，对用户提供所需服务。云计算的核心理念就是通过不断提高"云"的处理能力，进而减少用户终端的处理负担，最终使用户终端简化成一个单纯的输入输出设备，并能按需享受"云"的强大计算处理能力。云计算将所有的计算资源集中起来，并由云核心管理软件实现自动管理，无须人为参与。这使得应用用户更加专注于自己的业务，有利于创新和降低成本。

2. 云计算特点

（1）超大规模。"云"具有相当的规模，Google 云计算已经拥有 100 多万台服务器，Amazon、IBM、微软、Yahoo 等的"云"均拥有几十万台服务器。企业私有云一般拥有数

① 高林. 云计算及其关键技术研究[J]. 微型机与应用, 2011 (10): 5-11.
② 刘水. 云计算技术研究综述[J]. 软件导刊, 2015 (9): 4-6.
③ 修长虹. 云计算技术综述[J]. 网络安全技术与应用, 2012 (3): 9-11.

百上千台服务器。"云"能赋予用户前所未有的计算能力。

（2）虚拟化。云计算支持用户在任意位置、使用各种终端获取应用服务。所请求的资源来自"云"，而不是固定的有形的实体。应用在"云"中某处运行，但实际上用户无须了解、也不用担心应用运行的具体位置。只需要一台笔记本电脑或一部手机，就可以通过网络服务来实现我们需要的一切，甚至包括超级计算这样的任务。

（3）高可靠性。"云"使用了数据多副本容错、计算节点同构可互换等措施来保障服务的高可靠性，使用云计算比使用本地计算机可靠。

（4）通用性。云计算不针对特定的应用，在"云"的支撑下可以构造出千变万化的应用，同一个"云"可以同时支撑不同的应用运行。

（5）高可扩展性。"云"的规模可以动态伸缩，满足应用和用户规模增长的需要。

（6）按需服务。"云"是一个庞大的资源池，按需购买；云可以像自来水、电、煤气那样计费。

（7）使用成本低。由于"云"的特殊容错措施可以采用极其廉价的节点来构成云，"云"的自动化集中式管理使大量企业无须负担日益高昂的数据中心管理成本，"云"的通用性使资源的利用率较之传统系统大幅提升，因此用户可以充分享受"云"的低成本优势，经常只要花费几百美元、几天时间就能完成以前需要数万美元、数月时间才能完成的任务。

（8）潜在的危险性。云计算中的数据对于数据所有者以外的其他用户是保密的，但是对于提供云计算的商业机构而言却是毫无秘密可言的。

5.5.2　云计算关键技术

（1）虚拟化技术。在 IT 领域，虚拟化技术用于对计算机物理资源进行抽象。其可使多个操作系统在计算机上同时运行，每个操作系统及应用构成一个虚拟机，所有虚拟机共享计算机（物理主机）硬件资源。由于云计算将数据中心 IT 资源虚拟化成虚拟资源池，因此虚拟化技术被广泛用于云计算。

（2）数据存储和管理技术。云计算采用大量分布的存储单元存储海量数据。通过虚拟化技术、冗余存储等方式保证数据的低成本、高性能及高可用性。当前，采用数据存储技术的系统主要有 Google 的 Google 文件系统、Hadoop 团队开发的 Hadoop 分布式文件系统。

（3）Web 服务与 SOA。云计算服务分为数据密集型服务和 Web 服务两类。SOA 是面向服务体系的架构，该架构将应用程序的不同功能单元（服务）通过这些服务间定义的接口联系起来。对云计算 Web 服务而言，使用 SOA 架构，可将 SOA 扩展到企业防火墙以外并延伸到云计算提供商，以获得 SOA 监控范围延伸等优势。

（4）并行编程模型。Web2.0 的诞生使互联网信息呈几何式增长，如搜索引擎、在线处理等系统处理的网络数据规模越来越大。因此云计算提供的编程模型应该简单化，以便编程人员能充分利用云计算提供资源。Map/Reduce 编程模型是一个具有良好性能的并行处理模型。当前 Google 公司使用 Map/Reduce 编程模型发挥文件系统集群性能。

（5）安全管理。安全问题是用户是否选择云计算的主要顾虑之一。传统集中式管理方式下也有安全问题，云计算的多租户、分布性、对网络和服务提供者的依赖性，为安全问题带来新的挑战。主要的数据安全问题和风险包括：数据存储及访问控制、数据传输保护、数据隐私及敏感信息保护、数据可用性、依从性管理；相应的数据安全管理技术包括：数

据保护及隐私、身份及访问管理、可用性管理、日志管理、审计管理、依从性管理等。

5.6 大数据技术

5.6.1 大数据的概念及特征

最早提出"大数据"时代到来的是全球知名咨询公司麦肯锡，该公司在《大数据：创新竞争和生产力的下一个前沿领域》报告中称："数据，已经渗透到当今每一个行业和业务职能领域，成为重要的生产因素。人们对于海量数据的挖掘和运用，预示着新一波生产率增长和消费者盈余浪潮的到来。"其给出的定义是："大数据"指的是大小超出常规的数据库工具获取、存储、管理和分析能力的数据集。同时强调，并不是说一定要超过特定 TB 级的数据集才能算是大数据。"大数据"是云计算、物联网之后行业又一大颠覆性的技术革命。

一般而言，大家比较认可关于大数据从早期的 3V、4V 说法到现在的 5V。大数据的 5 个 V，业界将其归纳为 Volum，Velocity，Variety，Veracity，Value，如图 5-35 所示。实际上也就是大数据包含的 5 个特征，包含 5 个层面的意义。

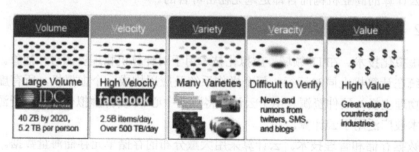

图 5-35　大数据 5V 特征

第一，数据体量（Volum）巨大，指收集和分析的数据量非常大，从 TB 级别，跃升到 PB 级别，但在实际应用中，很多企业用户把多个数据集放在一起，已经形成了 PB 级的数据量。

第二，处理速度（Velocity）快，需要对数据进行近实时的分析。以视频为例，连续不间断监控过程中，可能有用的数据仅仅有一两秒。这一点和传统的数据挖掘技术有着本质的不同。

第三，数据类别（Variety）多，大数据来自多种数据源，数据种类和格式日渐丰富，包含结构化、半结构化和非结构化等多种数据形式，如网络日志、视频、图片、地理位置信息等。

第四，数据真实性（Veracity）。大数据中的内容是与真实世界中发生的事件息息相关的，研究大数据就是从庞大的网络数据中提取出能够解释和预测现实事件的过程。

第五，价值密度低，商业价值（Value）高。通过分析数据可以得出如何抓住机遇及收获价值。

5.6.2 大数据关键技术[1][2][3]

1. 数据感知与获取技术

大数据应用的关键就是从海量的看似无关的数据中，通过分析关联关系，从而获取有价值的信息，有效获取目标数据成为大数据应用必须解决的首要问题。大数据类型多样、来源非常广泛，涉及人类社会活动的各个领域，其中最主要的来源有三个方面。

一是人们在互联网活动中产生的数据，也称网络数据。常用到的数据感知与获取技术有网络爬虫或网络嗅探等。

二是各类计算机系统产生的数据，主要是日志和审计数据。常用日志搜集和监测系统来获取数据，如 Scribe、Flume 等。

三是各类数字设备记录的数据。各类数字设备主要包括传感器、RFID、GPS 等，这些设备记录的数据既有实时的流数据，也有像记录产品交易信息的非实时数据，常用数据的流处理系统、模数转换器等来感知和获取数据。

2. 数据预处理技术

大数据源中既有同构数据也含有大量的异构数据。目标数据常会受到噪声数据的干扰，影响到数据的准确性、完整性和一致性。为提升大数据质量，需要对原始数据进行数据清理、数据集成、数据规约与数据转换等预处理工作。

（1）大数据清理。大数据清理是通过设置一些过滤器，对原始数据进行"去噪"和"去脏"处理。常用到的技术有数据一致性检测技术、脏数据识别技术、数据过滤技术、噪声识别与平滑处理技术等。

（2）大数据集成。大数据集成是指把来自不同数据源、不同格式的数据，通过技术处理，在逻辑上或物理上进行集中，形成统一的数据集或数据库。常用到的技术包括数据源识别技术、中间件技术、数据仓库技术等。

（3）大数据规约。大数据规约是在不影响数据准确性的前提下，运用压缩和分类分层的策略，对数据进行集约式处理。常用到的技术有维规约技术、数值规约技术、数据压缩技术、数据抽样技术等。

（4）大数据转换。大数据转换是将数据从一种表示形式转换成另一种表示形式，目的是使数据形式趋于一致。常用到的技术有基于规则或元数据的转换技术、基于模型和学习的转换技术等。

3. 数据存储与管理技术

目前除了传统关系型数据库外，大数据存储和管理形式主要有三类：分布式文件系统、非关系型数据库和数据仓库。

分布式文件系统是由物理上不同分布的网络节点通过网络通信和数据传输统一提供文件服务与管理的文件系统。它的文件物理上被分散存储在不同的节点上，逻辑上仍然是一

① 方巍. 大数据：概念、技术及应用研究综述[J]. 南京信息工程大学学报，2014，6（5）：405-419.
② 吕登龙. 大数据及其体系架构与关键技术综述[J]. 装备学院学报，2017（2）：86-96.
③ 李学龙. 大数据系统综述[J]. 中国科学，2015（1）：1-41.

个完整的文件。常用的分布式文件系统有 Hadoop 的 HDFS、Google 的 GFS 等。

非关系型数据库是为解决大规模数据集合多重数据种类存储难题应运而生的，它的最大特点就是不需要预先定义数据结构，而是在有了数据后根据需要灵活定义。

数据仓库建立在已有大量操作型数据库的基础上，通过 ETL 等技术从已有数据库中抽取转换导出目标数据并进行存储。与操作型数据库不同，数据仓库不参与具体业务数据操作，主要目的是对从操作型数据库中抽取集成的海量数据进行分析处理并提供高速查询服务。

4．数据分析技术

数据分析是大数据处理流程中最为关键的步骤，也是大数据价值生成的核心部分。从对数据信息的获知度上来看，大数据分析可以分为对已知数据信息的分析和对未知数据信息的分析。对已知数据信息的分析一般运用分布式统计分析技术来实现；对未知数据信息的分析一般通过数据挖掘等技术来实现。

大数据统计分析主要利用分布式计算集群和分布式数据库，运用统计学相关知识和算法，如聚类分析、判别分析、差异分析等，对获取的海量已知数据信息进行分析和解释。目前比较流行的大数据统计分析工具是基于 R 语言的分布式计算环境，如 PHPIE。

数据挖掘是从海量的数据中，通过算法计算，提取隐藏在其中的有用信息的数据分析过程，是统计分析、情报检索、模式识别、机器学习等数据分析方法的综合运用。在大数据领域中，常见的数据挖掘方法主要包括：聚类分析、分类分析、预测估计相关分析等。

5．大数据可视化技术

大数据可视化技术的工作原理是运用计算机图形学和图像处理技术，将数据以图形或图像的方式展示出来，实现对大数据分析结果的形象解释，并能够实现对数据的人机交互处理。大数据可视化关键技术包括：符号表达技术、数据渲染技术、数据交互技术、数据表达模型技术等。大数据可视化技术与传统数据可视化技术不同。传统数据可视化技术通常是从关系型数据库或数据仓库中提取数据（数据类型较为单一），并进行可视化处理，一般不支持实时数据的可视化和交互式的可视化分析。而大数据可视化技术则是从多个数据源提取多种类型数据进行可视化处理，并且支持实时数据的可视化和交互式的可视化分析。

6．数据安全与隐私保护技术

大数据应用在商业、政府决策、军事等领域创造了巨大价值，同时也正是受利益驱使，大数据的安全和隐私保护也正面临着愈来愈严重的威胁。从大数据的关键技术来看，大数据处理的每个阶段几乎都面临着各种各样的安全威胁。传统的信息安全技术措施很难对大数据进行有效的安全防护。越来越多的人开始重视大数据的安全和隐私保护，并开始着重研究应对安全隐患和保护隐私的技术措施。

保护大数据安全主要是保证大数据的可用性、完整性、机密性。大数据来源广泛、模态复杂，大量数据来自不可信的数据源，同时收集到的大数据常常会有字段缺失或数据错误的情况，导致大数据不可用或弱可用，以及完整性缺失。解决大数据可用性问题一般通过数据冗余设置，而大数据的完整性问题一般通过数据校验技术和审计策略来解决。对于大数据的机密性，由于数据规模大，传统的数据加密技术会极大地增加开销，因此一般利用访问控制和安全审计技术来保证大数据的安全。

第6章

传统智能制造模式

6.1 并行工程

6.1.1 并行工程的概念

并行工程（Concurrent Engineering，CE）是对产品及其相关过程（包括制造过程及其支持过程）进行并行、一体化设计的一种系统化工作模式。这种工作模式力图使开发者从一开始就要考虑到产品全生命周期（从概念形成到产品报废）的所有因素，包括质量、成本、进度和用户需求。

并行工程与传统串行产品开发模式有本质区别。串行开发模式是按照"产品设计→工艺设计→计划调度→生产制造"流程进行的，如图6-1所示，设计工程师与制造工程师之间互相不了解，互相不交往，中间犹如隔了一堵墙，而并行工程就是拆掉这堵墙。以沏茶为例，串行沏茶是洗茶壶、茶杯与烧水顺序进行，而并行沏茶是洗茶壶、茶杯与烧水同时进行，如图6-2所示。

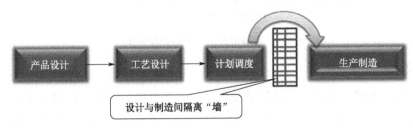

图 6-1　产品串行开发模式

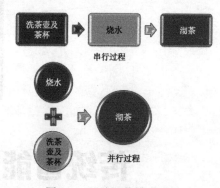

图 6-2　两种沏茶模式比较

6.1.2　并行工程运行特性

1. 并行特性

并行工程的最大特点是把时间上有先有后的作业过程转变为同时考虑和尽可能同时（或并行）处理的过程。

在产品的设计阶段就并行地考虑产品整个生命周期中的所有因素，力求做到综合优化设计，最大限度避免设计错误，减少设计更改和反复次数，提高质量，降低成本（见图 6-3），使产品开发一次成功，缩短产品的开发周期。这样设计出来的产品不仅具有良好的性能，而且易于制造、检验和维护。

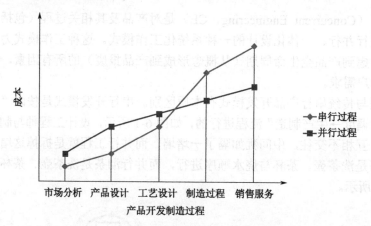

图 6-3　并行与串行工程产品开发成本比较

2. 整体特性

并行工程认为制造系统（包括制造过程）是一个有机的整体，在空间中似乎相互独立的各个制造过程和知识处理单元之间，实质上都存在着不可分割的内在联系，如图 6-4 所示。并行工程强调全局性的考虑问题，即产品研制者从一开始就考虑到产品整个生命周期中的所有因素。并行工程追求的是整体最优，有时为保证整体最优，甚至可能不得不牺牲局部的利益。

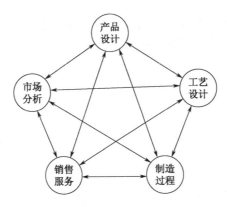

图 6-4 制造系统各环节内在联系

3. 协同特性

并行工程中的"并行"其英文 Concurrent 除了具有"并行、平行"的含义，还具有"协作、协同"的意义。并行工程特别强调设计群体的协同工作，包括以下几个方面。

（1）协同组织机构。并行工程根据任务和项目需要，组织多功能工作小组，小组成员由设计、工艺、制造和支持（质量、销售、采购、服务等）的不同部门、不同学科代表组成。工作小组有自己的责、权、利，工作计划和目标，成员之间使用相同术语和共同信息资源工具，协同完成共同任务。

（2）协同设计思想。并行工程强调一体化、并行地进行产品及其相关过程的协同设计，尤其注意早期概念设计阶段的并行和协调。

（3）协同效率。并行工程特别强调"1＋1＞2"的思想，力求排除传统串行模式中各个部门间的壁垒，使各个相关部门协调一致的工作，利用群体的力量提高整体效益，强调"工"字钢带来的三块钢板的协调强度。

4. 集成特性

并行工程是一种系统集成方法，具有人员、信息、功能、技术的集成特性。

（1）人员集成。管理者、设计者、制造者、支持者以至用户集成为一个协调的整体。

（2）信息集成。产品全生命周期中各类信息的获取、表示、表现和操作工具的集成和统一管理。

（3）功能集成。产品全生命周期中企业内各部门功能的集成，以及产品开发企业与外部协作企业间功能的集成。

（4）技术集成。产品开发全过程中涉及的多学科知识及各种技术、方法的集成，形成集成的知识库、方法库。

6.1.3 并行工程体系结构

如图 6-5 所示为并行工程体系结构，它主要包括以下几个部分。

（1）产品概念设计。对产品设计要求进行分组描述，并对方案优选、批量、类型、可制造性和可装配性进行评价，选出最佳方案，指导概念设计。

（2）结构设计评价。将产品概念设计获得的最佳方案结构化，对各种方案进行评价和决策。选择最佳结构设计方案或提供反馈信息，指导产品的概念设计和结构设计。

（3）详细设计及其评价。根据结构设计方案对零部件进行详细设计，并对其可制造性进行评价，即时反馈修改信息，指导特征设计，实现特征、工艺的并行设计。

（4）产品总体评价。该阶段产品信息较完善，对产品的功能、性能、可制造性和成本等采用价值工程方法进行总体评价、提出反馈信息。

最后必须进行工艺过程优化，对零件的实际加工过程进行仿真。

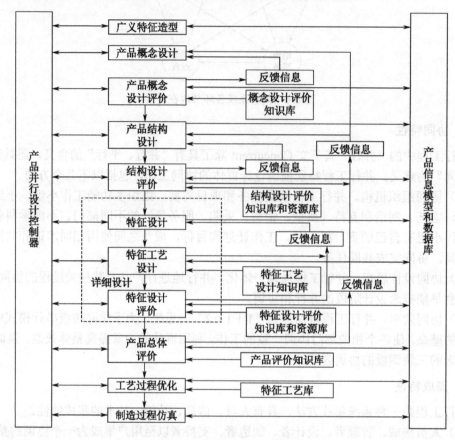

图 6-5 并行工程体系结构

6.1.4 并行工程关键技术

（1）过程管理与集成技术。包括过程建模、过程管理、过程评估、过程分析和过程集成。

（2）团队。由传统部门制或专业组变成项目为主的多功能集成产品开发团队（Integrated Product Team，IPT）。

（3）协同工作环境。产品开发由分布在异地的采用异种计算机软件工作的多学科小组完成。具体关键技术包括约束管理技术、冲突仲裁技术、多智能体技术、CSCW（Computer-Supported Cooperative Work）技术等。

（4）DFX。DFX（Design for X，面向产品生命周期各/某环节的设计）是 CE 的关键使能技术。X 代表产品生命周期中的各项活动，应用较多的是 DFA（面向装配设计）和 DFM（面向制造设计）。

（5）PDM（Product Data Management），即产品数据管理。管理所有与产品相关的信息（包括零件信息、配置、文档、CAD 文件、结构、权限信息等）和所有与产品相关的过程（包括过程定义和管理）。PDM 能在数据的创建、更改及审核的同时跟踪监视数据的存取，确保产品数据的完整性、一致性及正确性，保证每个参与设计的人员都能即时得到正确数据，使产品设计返回率达到最低。

6.1.5 并行工程应用实例

并行工程典型案例见表 6-1。

表 6-1　并行工程典型案例

生产单位	工程项目	时间	效果
波音公司	在波音 767-X 系列产品上采取了以下措施： 1. 按飞机部件组成两百多个 IPT； 2. 改进产品开发流程； 3. 采用 DFA/DFM 等工具； 4. 利用巨型机支持的 PDM 系统辅助并行设计； 5. 大量应用 CAD/CAM 技术，做到无图样生产； 6. 应用仿真技术与虚拟现实技术等 CE 的方法和技术	1991 年	1. 提高设计质量，极大地减少了早期生产中的设计更改； 2. 缩短产品研制周期，优化设计过程； 3. 减少报废和返工率，降低制造成本
瑞士 ABB	在火车运输系统上采取了以下措施： 1. 建立支持 CE 的计算机系统； 2. 建立可互操作的网络系统； 3. 组织设计和制造过程的团队； 4. 采用统一的产品数据定义模型； 5. 应用仿真技术等 CE 的方法和技术	1992 年	1. 过去从签订合同到交货需 3～4 年，现在仅用 3～18 个月； 2. 对东南亚的用户，能在 12 个月以内交货； 3. 整个产品开发周期缩短 25%～33%
日本横河 HP	在高精度测量设备上采取了以下措施： 1. 开发制造生产网络； 2. 网络化计算环境； 3. 应用实时的全局工程数据库等 CE 的方法和技术	1990 年	1. 新产品上市周期缩短 30%； 2. 技术部门生产率上升 30%； 3. 总体生产能力提升 30%

6.2 敏捷制造

6.2.1 敏捷制造的概念

20 世纪 90 年代，当丰田生产方式在美国产生了明显的经济效益之后，美国人认识到单凭降低成本、提高质量还不能保证赢得竞争，还必须缩短产品开发周期，加速产品的更新换代。在这种背景下，美国里海大学亚柯卡研究所提出一种面向对象的新型生产方式——敏捷制造（Agile Manufacturing，AM）。敏捷制造思想的出发点是基于对产品和市场的综合分析，战略着眼点是快速响应市场/用户需求，使产品设计、开发、生产等各项工作并行进行。

敏捷制造作为一种新型的制造模式，在概念和组成上不断更新和发展，目前并没有统一、公认的定义。敏捷制造概念提出者将其定义为"能在不可预测的持续变化的竞争环境中使企业繁荣和成长，并具有面对由顾客需求的产品和服务驱动的市场做出迅速响应的能力"。

敏捷制造强调"竞争—合作/协同"。企业实施敏捷制造必须具备有创新精神的组织和管理结构、先进制造技术（以信息技术和柔性智能技术为主导）、有技术有知识的管理人员三大类资源支柱，能将柔性生产技术、有技术有知识的劳动力与能够促进企业内部和企业之间合作的灵活管理集中在一起，并对迅速改变的市场需求和市场进度做出快速响应。因此，敏捷制造比起其他制造方式具有更灵敏、更快捷的反应能力。

6.2.2　敏捷制造的特点

1. 敏捷制造是自主制造系统

敏捷制造具有自主性，每个工件和加工过程、设备的利用及人员的投入都由本单元自己掌握和决定，这种系统简单、易行、有效。

2. 敏捷制造是虚拟制造系统

敏捷制造系统是一种以适应不同产品为目标而构造的虚拟制造系统，其目的在于能够随环境的变化迅速地动态重构，对市场的变化做出快速的反应，实现生产的柔性自动化。

3. 敏捷制造是可重构的制造系统

敏捷制造系统的设计不是预先按规定的需求范围建立某种过程，而是使制造系统从组织构造上具有可重构性、可重用性和可扩充性三方面的能力。它具有预计完成变化活动的能力，通过对制造系统的硬件重构和扩充，适应新的生产过程，它要求软件可重构，能对新制造活动进行指挥、调度与控制。

6.2.3　敏捷制造关键技术

1. 虚拟企业联盟

虚拟企业联盟是指企业群体为了赢得某一个机遇性的市场竞争，把某复杂产品迅速开发生产出来并推向市场，由于各个企业内部的优势不同，结合优势不同的企业共同协作，按照资源、技术和人员的最优配置快速组成一个功能单一的临时性经营实体。当项目结束后，该联盟解散，有新项目，便重新结合一圈企业合作，从而迅速抓住市场机遇。虚拟企业联盟组建过程如图6-6所示。

虚拟企业联盟的主要优点如下。

（1）中小企业可以通过分享其他合作者的资源完成过去只有大企业才能完成的工作，而大企业在不需要大量投资的情况下通过转包生产的方式迅速扩大它的生产能力和市场占有率，从另一角度也降低了失败的风险。

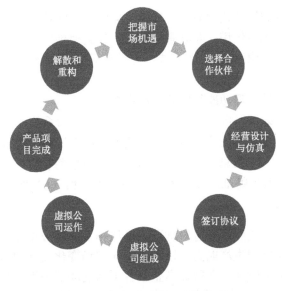

图 6-6　虚拟企业联盟组建过程

（2）由于合作者有各自的专长和优势，虚拟企业可以在经济和技术实力上很方便地超过它的所有竞争者。

（3）跨地区、跨国界的国际合作使每一个合作者都有机会进入更广泛的市场，各自的资源可以得到充分的利用。

（4）可兼容企业间的竞争和合作，增强竞争的活力，又避免过度的竞争。

2. 敏捷化信息系统构建

敏捷化信息系统是指一个信息系统可以通过添加新的元素、替换旧的元素并改变它们的连接方式以使系统动态地改变，适应新的要求。

参加敏捷制造的企业可以分布在全国各地，甚至世界各地，在如此广泛的区域内进行信息交换对于计算机网络的开放性、标准化、安全性、信息容量和速度等都提出了很高的要求。随着计算机技术在制造业中的应用，企业一般都会建立局域网络连接管理、设计和控制系统。要建设敏捷制造环境，必须将各企业内部局域网络连接起来，如图 6-7 所示。

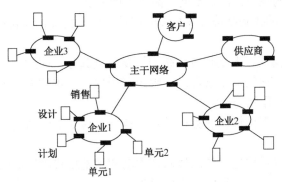

图 6-7　企业间敏捷化信息系统构建

敏捷化信息系统具有以下特征。

（1）具有信息集成和辅助决策能力，提供全球供应链的管理。

（2）能实现信息的无缝传递，即具有标准的信息交换接口。

（3）打破原有的设计模式和实现方法，充分体现敏捷性系统的可重构、可重用和可扩充性。

（4）能够依据不同的管理功能和要求进行重组。

（5）具有自治性，既可以自我规划，又可以和其他自治系统协调工作。

（6）具有时效性，即随"任务"的开始而诞生，随"任务"的结束而自行解体。

其中，（1）（2）是一个信息系统所应具备的最基本的特征；（3）（4）充分体现了作为敏捷性系统所应具备的基本特征；（5）体现了系统的柔性；（6）体现了系统的时间特性。

3. 制造系统可重构

制造系统可重构指的是能够通过对制造系统结构及其组成单元进行快速重组或更新，及时调整制造系统的功能和生产能力，以迅速响应市场变化及其他需求的一种制造系统。为了更大地提高企业的敏捷性，必须提高企业各个活动环节的敏捷性。这就是人们常说的"敏捷的人用敏捷的设备，通过敏捷的过程制造敏捷的产品"。

（1）产品的可重构性，即可以更好地利用人的专门技术、知识和技巧，迅捷地开发出用户需求的产品。产品重构涉及从营销、设计到加工制造，直至回收处理循环利用的整个生命周期。不断变化的用户要求和生态保护等因素，要求产品具有可重构性，包括以下三个含义。

第一，产品可重构性要求对已有零件和组件的设计方案进行分类管理。这样，可以减少产品开发的复杂性及生产成本，更重要的是加快了对市场的反应速度。

第二，在设计阶段，需要按多种构型设计开发和管理产品，以适应各种用户需求。

第三，为了减少生态影响，产品重构应考虑环境因素，通过对产品零件进行再利用和再加工，以实现产品重构。

（2）车间制造系统的可重构性。车间制造系统的重构性主要是指物料加工处理设备（系统）的动态变化能力，具体包括：

① 设施和设备应具有根据任务要求改变其功能和结构的能力。

② 加工系统应具有灵活性，能够在不产生较大扰动的情况下允许添加和减少设备，使系统布局具有动态重构能力，满足不同产品的生产需要。

③ 车间控制系统的控制结构（关系）应该具有可重构性，提高系统决策、反应和容错能力。

（3）组织的可重构性。人是制造系统的重要组成部分，因此，组织结构的可重构能力是制造系统快速响应变化的基本条件。在组织范围内，可重构能力表现为企业内部的合作能力，以及企业间的合作能力。

（4）业务过程的可重构性。业务过程可重构性是对功能性活动进行分类，并且构造成定义明确的过程。

（5）信息平台的可重构性。信息技术是推动和塑造现代制造业的一个最重要的技术驱动因素，在某种意义上，制造系统即为信息处理系统。如果信息平台是僵化的结构，制造系统的可重构性是不能实现的。

6.2.4　敏捷制造应用案例

敏捷制造典型应用案例见表 6-2。

表 6-2　敏捷制造典型应用案例

生产单位	工程项目	时间	效果
美国 AT&T	笔记本电脑	1991 年	从决策到产品展览仅 4 个月，全部元件由国外企业承担，在美国组装
日本松下	自行车	1987 年	每辆车生产时间为 8～10 个工作日，是大批量生产时间的一半，价格为 1300 美元（原为 2500～3500 美元）
通用汽车	匹兹堡万能夹具	1991 年	与原来相比，成本为 3/70，时间为 1/37，可伸缩重用/重构、适用性好

6.3　精 益 生 产

6.3.1　精益生产的概念

精益生产（Lean Production，LP）又称精良生产，其中"精"表示精良、精确、精美，"益"表示利益、效益等，也就是及时制造，消灭故障，消除一切浪费，向零缺陷、零库存进军。精益生产是美国麻省理工学院一个研究小组在一项名为"国际汽车计划"的研究项目中，做了基于对日本丰田生产方式的大量调查和对比后，于 1990 年提出的一种区别于"福特制"大量生产方式的新的生产模式，并称之为"世界级制造技术核心"。

精益生产的目标被描述为"在适当的时间使适当的东西到达适当的地点，同时使浪费最小化和适应变化"。其核心是消除一切无效劳动和浪费，它把目标确定在尽善尽美上，通过不断地降低成本、提高质量、增强生产灵活性、实现无废品和零库存等手段确保企业在市场竞争中的优势。

6.3.2　精益生产体系及特征

如果把精益生产体系看作一幢大厦（见图 6-8），它的基础就是在计算机网络支持下的并行工作方式和小组工作方式。在此基础上的三根支柱分别是：（1）全面质量管理（Total Quality Control，TQC），它是保证产品质量，达到零缺陷目标的主要措施；（2）准时生产（Just In Time，JIT）和零库存，它是缩短生产周期和降低生产成本的主要方法；（3）成组技术（Group Technology，GT），它是实现多品种、按顾客订单组织生产、扩大批量、降低成本的技术基础。

在《改变世界的机器》一书中，精益生产的归纳者们从五个方面论述了精益生产企业的特征。这五个方面分别是工厂组织、产品设计、供货环节、顾客和企业管理。归纳起来，精益生产的主要特征为：对外以用户为"上帝"，对内以"人"为中心，在组织机构上以"精简"为手段，在工作方法上采用"Team Work"（团队工作）和"并行设计"，在供货方式上采用"JIT"（准时生产）方式，在最终目标上为"零缺陷"。

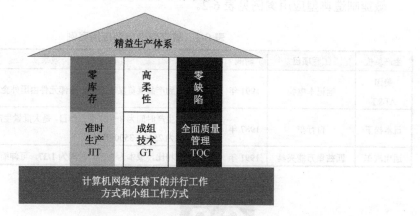

图 6-8　精益生产体系

1. 以人为中心

人是企业一切活动的主体，应以人为中心，大力推行独立自主的小组化工作方式，充分发挥一线职工的积极性和创造性，使他们积极为改进产品的质量献计策，使一线工人真正成为"零缺陷"生产的主力军。

2. 以用户为上帝

产品面向用户，与用户保持密切联系，将用户纳入产品开发过程，以多变的产品，尽可能短的交货期来满足用户的需求，真正体现用户是上帝的精神。不仅要向用户提供周到的服务，而且要洞悉用户的思想和要求，才能生产出适销对路的产品。产品的适销性、适宜的价格、优良的质量、快的交货速度、优质的服务是面向用户的基本内容。

3. 拉动式准时生产

以最终用户的需求为生产起点，强调物流平衡，追求零库存，要求上一道工序加工完的零件立即可以进入下一道工序，从而达到生产系统中的在制品、产成品库存最少。组织生产运作是依"看板"进行拉动，即由看板传递工序间的需求信息（看板的形式不限，关键在于能够传递信息）。生产中的节拍可由人工干预、控制，保证生产中的物流平衡（对于每一道工序来说，即为保证对后续工序供应的准时化）。由于采用拉动式生产，生产中的计划与调度实质上是由各个生产单元自己完成的，在形式上不采用集中计划，但操作过程中生产单元之间的协调则极为必要。

4. 准时供货方式

准时供货方式可以保证最小的库存和最少在制品数量。为了实现这种供货方式，应与供货商建立起良好的合作关系，相互信任，相互支持，利益共享。

5. 零缺陷工作目标

精益生产所追求的目标不是尽可能好一些，而是零缺陷，即最低的成本、最好的质量、无废品、零库存与产品的多样性。当然，这样的境界只是一种理想境界，只有无止境地去追求这一目标，才会使企业永远保持进步，永远走在他人前头。

6. 团队工作和并行设计

精益生产强调以团队工作方式进行产品的并行设计。团队是指由企业各部门专业人员组成的多功能设计组，对产品的开发和生产具有很强的指导和集成能力。综合工作组全面负责一个产品型号的开发和生产，包括产品设计、工艺设计、编制预算、材料购置、生产准备及投产等工作。并根据实际情况调整原有的设计和计划。综合工作组是企业集成各方面人才的一种组织形式。

7. 以精简为手段

在组织机构方面实行精简化，去掉一切多余的环节和人员。实现纵向减少层次，横向打破部门壁垒，将层次细分工，管理模式转化为分布式平等网络的管理结构。在生产过程中，采用先进的柔性加工设备，减少非直接生产工人的数量，使每个工人都真正对产品实现增值。另外，采用准时生产和看板方式管理物流，大幅度减少甚至实现零库存，也减少了库存管理人员、设备和场所。此外，精益不仅仅是指减少生产过程的复杂性，还包括在减少产品复杂性的同时，提供多样化的产品。

8. 全面质量管理

精益生产对产品质量的追求是零缺陷，强调质量是生产出来而非检验出来的，由过程质量管理来保证最终质量。生产过程中对质量的检验与控制在每一道工序都进行，检验是工序的一部分而不是独立岗位，重在培养每位员工的质量意识，保证及时发现质量问题。精益生产强调事先预防，把"防错"的思想贯穿于整个生产过程。也就是说，从产品的设计、工艺过程的设计开始，质量问题就已经考虑进去，保证每一种产品只能严格地按照正确的方式加工和安装，从而避免生产流程中可能发生的错误。同时实施 TPM(Total Productive Maintenance，全员生产保全)，防止因设备精度下降而产生不合格品。如果在生产过程中发现质量问题，根据情况，可以立即停止生产，直至解决问题，从而保证不出现对不合格品的无效加工。对于出现的质量问题，一般是组织相关的技术与生产人员作为一个小组，一起协作，尽快解决。

6.3.3 精益生产要消除的八大浪费

如图 6-9 所示，虽然生产的产品各不相同，但在任何工厂中发现的浪费类型是类似的，归纳起来主要有以下八大浪费。

1. 过量生产的浪费

过量生产的浪费即生产供应大于市场需求时发生的浪费。过量生产会导致其他各种浪费的发生，因此会掩盖住现场正在发生的问题，故称为浪费的"根"。当人或设备若有余力，会用剩余能力在不恰当的时候生产出不必要的物品。

图 6-9　精益生产要消除的八大浪费

2. 等待中的浪费

等待中的浪费即在等待材料或作业时间闲暇时发生浪费。等待浪费除了人和设备的等待，还包括等待材料投入作业中或产品在工序中的停滞，以及材料或产品在仓库停放等。

3. 搬运的浪费

搬运的浪费即在仓库中的储藏、搬运放置等中发生的浪费。因为不合理的物流、过程和过量生产（前、后工序间的失衡）库存等发生的不必要搬运、拿、放、重新摆放、材料的重新分配、物品的移动、物品的流程、搬运距离、搬运条件的好坏等均使生产性下降，同时引发或增加质量缺陷（刮痕、划伤等）。

4. 加工的浪费

加工的浪费是指因技术（设计、加工）不足造成加工上的浪费。原本不必要的工程或作业被当成必要。

5. 库存的浪费

库存的浪费是指原材料，在制品、成品及所有资源闲置不产生价值的库存物品造成的浪费。除了在仓库内的，工序内、工序间的产品也属于库存。大量的在库既掩盖着各种问题点，同时又使潜在的浪费不易发现。

6. 动作的浪费

动作的浪费即额外动作造成的浪费。大部分工作只是动作行为，而真正有附加价值的"工作"只是一部分。不能直接产生附加价值的行动只是动作的浪费。机械设备的布置、零部件或工具排列错误时也会造成动作的浪费。

7. 返工、维修的浪费

返工、维修的浪费是指材料、加工、产品检查不合格等因缺陷发生的报废、返工等浪费。

8. 员工创造力的浪费

员工创造力的浪费是指由于未使员工参与、未能倾听员工意见而造成未能善用员工的时间、构想、技能，从而使员工失去改进和学习的机会。

6.3.4　精益生产应用案例

精益生产是美国麻省理工学院几位专家对"日本丰田生产方式"的美称。20 世纪 50 年代后期，丰田汽车公司以此生产方式成为世界上效率最高、品质最好的汽车制造企业，而且使整个日本的汽车工业以至日本经济达到了今天的世界水平。到 20 世纪 60 年代，丰田汽车公司这种生产方式已经成熟，并逐渐引起其他国家的注意与应用。精益生产在我国的典型案例见表 6-3。

表 6-3　精益生产在我国的典型案例

生产单位	工程项目	时间	效果
第一汽车制造厂变速车厂	1. 进行"配套设计，同步实施"的开发与建议方式； 2. 采用"拉动式"生产组织方式； 3. 向工序间在制品为"0"进军； 4. 实行"一人多机"操作，U 形生产设备布置； 5. 工具定置集配，精度刀具强制换刀与跟踪管理； 6. "三为"现场管理； 7. 生产现场实行"5S"活动； 8. 实行"三自一控"、"创合格"、"深化工艺"、"五不流"和"产品创优"的"五位一体"的管理体系	1989 年	1. 生产原设计能力由 6.8 万台/年，达到 8000 台/月； 2. 产品废品率下降 35%，一次装配合格率由 80% 提高到 92%； 3. 在制品流动资金占用下降了 50%； 4. 节省操作现场工人近 50%，人工作业效率由原来的 27.7% 提高到 65%； 5. 刀具消耗下降 17%，设备故障停歇时间下降 80%； 6. 准时生产方式提高了企业整体素质，改变了旧管理作风，管理工作效率大幅度提高
天津奥的斯（OTIS）电梯有限公司	1. 首先推行"5S"——整理，整顿，清洁，清扫，素养； 2. 重视 IE 人员； 3. 废除专职检验，凡是能自检的都实行自检； 4. 根据产品生产工艺，将机床采用匚形或 L 形布局； 5. 实行拉动式零库存生产方式改变了以前产值和利润同时重视的思维方式，只重视利润	1995 年	1. 产品交货周期由原来的 24 周降低到 4 周； 2. 年资金周转从原来的不足 1 次提高到 18 次； 3. 产品出厂合格率 100%； 4. 可动率达到 100%，从而保证了精益生产方式的顺利进行； 5. 最终实现了"四个零"目标——零缺陷、零库存、零事故、零迟交货

6.4　绿色制造

6.4.1　绿色制造的概念

资源、环境、人口是当今人类社会面临的三大主要问题。制造业一方面是制造人类财富的支柱产业，另一方面又产生大量废弃物，对环境造成污染，且是当前环境污染的主要

源头。为了寻求从根本上解决制造业产生的环境污染问题，协调制造、环境保护、资源优化利用三方面关系，绿色制造（Green Manufacturing，GM）的概念应运而生，并成为当前研究的热点之一。

绿色制造也称环境意识制造和面向环境的制造，是在保证产品的功能、质量、成本的前提下，综合考虑环境影响和资源效率的现代制造模式，其目标是使产品从设计、制造、包装、运输、使用到报废的整个生命周期中，对环境负面影响最小、资源效率最高，企业经济效益和社会效益协调优化。相比传统的制造模式是一个开环系统，即"原料—工业生产—产品使用—报废—二次原料资源"，绿色制造在产品整个生命周期内，以系统集成的观点考虑产品环境属性，改变了原来末端处理的环境保护办法，对环境保护从源头抓起，并考虑产品的基本属性，使产品在满足环境目标要求的同时，保证产品应有的基本性能、使用寿命、质量等。产品全生命周期循环过程如图6-10所示。

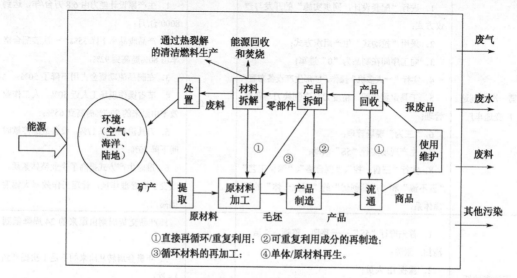

图 6-10　产品全生命周期循环过程

6.4.2　绿色制造的内容体系

绿色制造作为一种先进制造模式，它强调在产品生命周期全过程中采取绿色措施。绿色制造内容包括绿色设计、绿色生产、绿色包装、绿色使用，以及绿色回收和处理等，如图6-11所示。

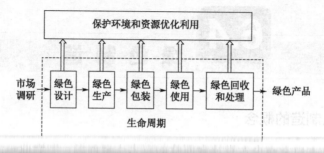

图 6-11　绿色制造内容

1. 绿色设计

绿色设计是绿色制造的一个主要内容。一个好的绿色设计方案是绿色产品成功的关键性一步。传统设计只考虑产品的功能、质量、寿命和成本等因素，很少考虑环境方面的因素，不利于可持续发展。绿色设计是为环境而设计，它满足可持续发展的要求，主要体现在：（1）绿色材料及材料选择；（2）节能设计；（3）可回收性设计和可拆性设计；（4）长寿命设计等。其中面向拆卸和面向回收设计是绿色设计的关键。

2. 绿色生产

绿色生产是指对环境无污染或少污染，达到清洁化的生产。在生产过程中排放大量废水、废气和固体废弃物及产生的噪声是环境污染的重要来源。我们不应在污染产生以后去处理，而应在产生的源头上加以控制，使污染物在产生之前即被消灭。绿色生产积极地预防污染产生，是高质量生产的需要，也是可持续发展的必然要求。绿色生产的内容主要包括绿色工艺、绿色设备、绿色能源等。

3. 绿色包装

绿色包装是指采用对环境和人体无污染、可回收再用或再生的包装材料及其制品进行包装。绿色包装必须符合以下原则：（1）尽量减少包装材料的消耗；（2）包装容器地再填充使用；（3）包装材料的循环再利用；（4）包装材料具有可降解性。

4. 绿色使用

绿色使用指产品在使用过程中应最大限度地节约能源，减少污染或无污染，达到保护环境的目的，主要体现在：（1）宜人性；（2）清洁性；（3）选择绿色能源（如太阳能、风能、电能、天然气等）；（4）合理使用，避免提前报废。

5. 绿色回收和处理

报废后的产品应及时回收和处理，一方面防止污染，另一方面，经拆卸后，零部件或材料可以重新使用，能节省大量原材料，节省获取材料和生产零部件时所消耗的能量，也就保护了环境，减少了污染。产品被拆卸后，根据不同情况分别对待。有些零部件经过清洗后可重新使用，有些零部件经过修补或改造后可重新使用，还有些零部件虽然不能重新使用，但它的材料可再生，可以回炉后再用，最后对于不可再生的废弃物需用适当的工艺方法进行处理，对特殊材料（有毒、有害的材料）还需要采用特殊的处理方法。此外，在回收和处理过程中应避免二次污染。

6.4.3 绿色制造的目标和实现途径

1. 绿色制造追求两个目标

（1）通过资源综合利用、短缺资源的代用、可再生资源的利用、二次能源的利用及节能降耗措施延缓资源和能源的枯竭，实现持续利用。

（2）减少废料和污染物的生成和排放，提高工业产品在生产过程和消费过程中与环境的相容程度，降低整个生产活动给人类和环境带来的风险，最终实现经济效益和环境效益

的最优化。

2. 实现绿色制造的途径

（1）改变观念，树立良好的环境保护意识，并体现在具体行动上，可通过加强立法、宣传教育来实现。

（2）针对具体产品的环境问题，采取技术措施，即采用绿色设计、绿色制造工艺、产品绿色程度的评价机制等，解决所出现的问题。

（3）加强管理，利用市场机制和法律手段，促进绿色技术、绿色产品的发展和延伸。绿色制造是一个动态概念，绝对的绿色是不存在的，它是一个不断发展永不间断的持续过程。

6.4.4 绿色制造的发展趋势

（1）集成化。目前，工艺设计与材料选择系统的集成、用户需求与产品使用的集成、绿色制造系统中的信息集成等集成技术将成为绿色制造的重要研究内容。绿色制造集成化的另一个方面是绿色制造的实施需要一个集成化的制造系统来进行。为此，有人提出了绿色集成制造系统的概念，并建立了一种绿色集成制造系统的体系框架。

（2）社会化。形成绿色制造的研究和实施需要全社会的共同努力和参与。例如，有人建议，需要回收处理的主要产品，如汽车、冰箱、空调、电视机等，用户只买使用权，而企业拥有所有权，有责任进行产品报废后的回收处理。

（3）全球化。制造业对环境的影响往往是超越空间的，人类需要团结起来，保护我们共同拥有的唯一的地球。

6.4.5 绿色制造应用举例

绿色制造典型应用案例见表 6-4。

表 6-4　绿色制造典型应用案例

生产单位	工程项目	时间	效果
康明斯	汽车发动机 1. "绿色燃料"天然气作为汽车的能源； 2. 采用新设计的加工工艺； 3. 环境友好的材料使用； 4. 部件回收再制造	2000 年	1. 排气 CO 降低 70%，非甲烷类降低 80%，且大大降低了汽车尾气的排放； 2. 铝材制造车身，使汽车重量减少 40%，能耗也降低了； 3. 仅汽车零件回收、拆卸、翻新、出售一项，每年就可获利数十亿美元
洛克希德·马丁	F-16 战斗机；B-52 轰炸机	1980—1996 年	1. 充分利用再制造技术，对废旧件的再制造和再利用，缩短 F-16 战斗机的研制时间； 2. 利用再制造工程技术，改造后的性能得到大幅度提高

6.5 计算机集成制造

6.5.1 计算机集成制造及计算机集成制造系统概念

20世纪70年代以来，随着电子信息技术、自动化技术的发展及各种先进制造技术的进步，制造系统中许多以自动化为特征的单元技术得以广泛应用。如 CAD、CAPP、CAM、工业机器人、FMS 等单元技术的应用，为企业带来显著效益。

然而，人们同时发现，如果局部发展这些自动化单元技术，会产生"自动化孤岛"现象（见图6-12）。"自动化孤岛"具有较大的封闭性，相互之间难以实现信息的传递与共享，从而降低系统运行的整体效率，甚至造成资源浪费。

图6-12 "自动化孤岛"现象

自动化单元如果能够实现信息集成，则各种生产要素之间的配置会得到更好的优化，各种生产要素的潜力可以得到更大的发挥，各种资源浪费可以减少，从而获得更好的整体效益。这正是计算机集成制造系统的出发点。

1974年，美国的约瑟夫·哈林顿博士在《Computer Integrated Manufacturing》一书中首次提出计算机集成制造（简称 CIM）的概念，其中有两个基本观点。

（1）系统的观点。企业生产的各个环节，即从市场分析、产品设计、加工制造、经营管理到售后服务的全部生产活动是一个不可分割的整体，要紧密联系、统一考虑。

（2）信息的观点。整个生产过程实质上是一个数据采集、传递和加工处理的过程，最终形成的产品可以看作是数据的物质表现。

德国经济生产委员会（AWF）1985年对 CIM 的推荐定义是：CIM 是指在所有与生产有关的企业部门中集成地采用电子数据处理。CIM 包括了再生产计划和控制（PPC）、计算机辅助设计（CAD）、计算机辅助工艺规划（CAPP）、计算机辅助制造（CAM）、计算机辅助质量管理（CAQ）之间信息技术上的协同工作，其中为生产产品所需的各种技术功能和管理功能应实现集成。

欧共体 CIM-OSA（开放系统结构）课题委员会最近提出的 CIM 的定义，被认为是当前对 CIM 的最权威、最科学的定义"CIM 是信息技术和生产技术的综合应用，由此，企业的所有功能、信息、组织管理方面都是一个集成起来的整体的各个部分。"

CIM 最新定义是：CIM 是一种组织、管理和运行现代制造类企业的理念。它将传统的制造技术与现代化信息技术、管理技术、自动化技术、系统工程技术等有机结合，使企业产品全生命周期（从市场需求分析到最终报废处理）各阶段活动中有关的人（组织、管理）、经营管理和技术三要素及其信息流、物流和价值流三流有机集成并优化运行，以达到产品（P）上市快（T）、高质（Q）、低耗（C）、服务好（S）、环境清洁（E），进而提高企业的柔性、健壮性、敏捷性，使企业赢得市场竞争。

可见，CIM 是一种思想、模式、哲理，强调企业信息集成。

CIMS（计算机集成制造系统）是基于 CIM 的一种工程集成系统，是一种新型制造模式。CIMS 核心是企业内的人和机构、经营管理和技术三要素之间的集成（见图 6-13），解决四类集成问题（包括用技术支持经营；用技术支持人员工作；用人员协调工作支持经营活动；统一管理并实现经营、人员、技术集成优化运行），以保证企业内的工作流、物质流和信息流畅通无阻。

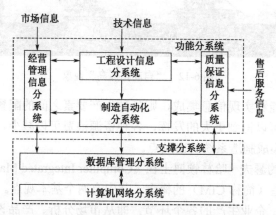

图 6-13　CIMS 三要素集成

6.5.2　计算机集成制造系统（CIMS）的结构

1. CIMS 功能体系结构

计算机集成制造系统（CIMS）功能体系包括四个功能分系统和两个支撑分系统，如图 6-14 所示。

图 6-14　计算机集成制造系统（CIMS）功能体系

（1）经营管理信息分系统（MIS）。

MIS 是 CIMS 的神经中枢，具有信息处理、事务管理和辅助决策职能。其中，信息处理包括信息的收集、传输、加工和查询；事务管理包括计划管理、物料管理、生产管理、财务管理、人力资源管理等；辅助决策是根据现有信息，利用数学分析手段预测未来，提供企业经营管理决策。经营管理信息分系统如图 6-15 所示。

MIS 核心工具是制造资源计划 MRPII，它将企业内各个管理环节进行集成，缩短生产周期、减少库存、降低成本、提高企业市场应变能力。

（2）工程设计信息分系统（EDIS）。

EDIS 主要由计算机辅助设计（CAD）、计算机辅助工艺过程设计（CAPP）和计算机辅助制造（CAM）等功能组成，用以支持产品的设计和工艺准备等。

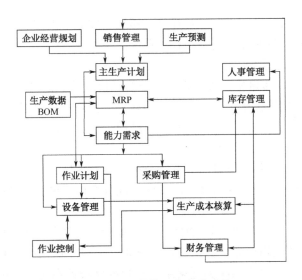

图 6-15　经营管理信息分系统

CAD 主要内容有计算机绘图、有限元分析、产品造型、图像分析处理、优化设计、动态分析与仿真、物料清单（BOM）生成等。

CAPP 主要内容有毛坯设计、工艺方法选择、工序设计、工艺路线制订、工时定额计算等。

CAM 主要内容有刀具路径确定、刀位文件生成、刀具轨迹仿真、NC 代码的生成等。

（3）制造自动化分系统（MAS）。

MAS 位于企业底层，是企业信息流和物料流的结合点，最终产生效益聚集地，支持企业的制造功能。MAS 目标是实现多品种、小批量生产柔性自动化；实现优质、低成本、短周期、高效率生产；创造舒适安全的劳动环境。MAS 主要由以下几部分组成。

① 机械加工系统——CNC、MC、FMC、FMS 加工设备。如图 6-16 所示为典型的 FMS 系统结构配置。

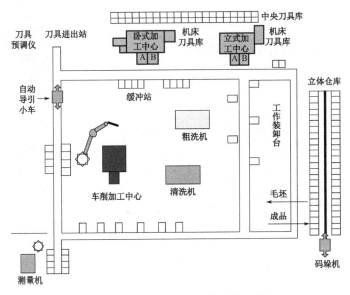

图 6-16　典型的 FMS 系统结构配置

② 物流系统——对工件和工具进行存储、搬运、装卸等操作。

③ 控制系统——实现对加工设备和物流系统的控制。

（4）质量保证信息分系统（QIS）。

QIS 包括质量计划、质量检测管理、质量分析评价及质量信息综合与控制。

① 质量计划建立质量技术标准，制订检测计划、检测规程和规范。

② 质量检测管理包括进出厂材料检测、产品质量检测管理，设计质量指标管理，生产质量数据管理。

③ 质量分析评价是对各类质量问题进行分析，评价各种影响因素，查明主要原因。

④ 质量信息综合与控制包括报表生成，质量综合查询，采取各种质量控制措施。

（5）数据库管理分系统。

数据库管理分系统用以管理整个 CIMS 的数据，实现数据的集成与共享。数据库管理分系统数据的分布主要采用分布式异型数据库技术，通过互联网络体系，完成全局数据调用和分布式事务处理。数据库系统类型采用工程数据库管理系统，实现对图形数据和非图形数据的处理。

（6）计算机网络分系统。

计算机网络分系统用以传递 CIMS 各分系统之间和分系统内部的信息，实现数据传递和系统通信功能。

2. CIMS 递进控制结构

CIMS 递进控制结构如图 6-17 所示，按工厂层、车间层、单元层、工作站层、设备层五层推进。工厂层和车间层负责规划决策，确定企业将生产什么，需要什么资源，如何将产品推销到市场中去，确定企业的长期目标和近期目标；车间层、单元层和工作站层负责监督管理，监督生产活动，对实际的生产活动进行评价，对生产活动发出控制命令；工作站层和设备层负责执行上层控制指令。各层级具体功能如下。

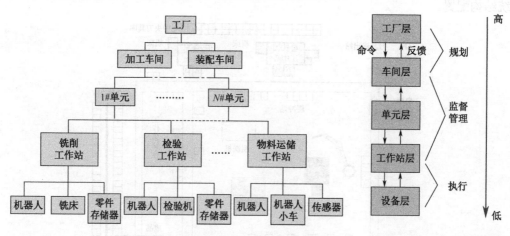

图 6-17 CIMS 递进控制结构

工厂层，最高决策层，制订长期生产计划、确定资源需求、产品开发、成本核算，规划周期为几个月/几年时间。

车间层，从计算机辅助设计和辅助制造等系统接收数据、作业管理和资源分配，协调车间作业和资源配置，作用周期为几周/几个月。

单元层，完成本单元作业调度，包括作业顺序和指令发放、进行任务分配调度、协调物料运输，规划时间为几小时/几周。

工作站层，协调加工工作站、检测工作站、刀具管理工作站、物料储运工作站等活动，规划时间为几分钟/几小时。

设备层，各种设备控制器，执行上层控制命令，完成加工、测量、运输等任务，响应时间为几毫秒/几分钟。

3. 计算机集成制造系统（CIMS）核心技术及发展

从技术的发展角度看，CIMS 经过了三个阶段：信息集成（以早期计算机集成制造为代表）、过程集成（以并行工程为代表）和企业间集成（以敏捷制造为代表）。前者是后者的基础，同时，三类集成优化技术也还在不断发展中。而系统集成优化是 CIMS 技术与应用的核心技术。

（1）信息集成优化。信息集成主要解决企业中各个"自动化孤岛"之间的信息交换与共享，其主要内容如下。

① 企业建模、系统设计方法、软件工具和规范。

② 异构环境和子系统的信息集成。早期信息集成的实现方法主要通过局域网和数据库来实现。近期采用企业网、外联网、产品数据管理（FDM）、集成平台和框架技术来实现。值得指出，基于面向对象技术、软件技术和 Web 技术的集成框架已成为系统信息集成的重要支撑工具。

（2）过程集成优化。传统产品开发模式采用串行产品开发流程；设计与加工生产是两个独立的功能部门；缺乏数字化产品定义和产品数据管理；缺乏支持群组协同工作的计算机与网络环境。但是"并行工程"较好地解决了这些问题。

（3）企业间集成优化。企业间集成优化是企业内、外部资源的优化利用，实现敏捷制造，以适应知识经济、全球经济及全球制造的新形势。

从管理的角度看，企业间实现企业动态联盟，可以形成扁平式企业的组织管理结构和"哑铃型企业"，克服"小而全""大而全"，实现产品型企业，增强新产品的设计开发能力和市场开拓能力，发挥人在系统中的重要作用等。

企业间集成的关键技术包括信息集成技术；并行工程的关键技术；虚拟制造；支持敏捷工程的使能技术系统，基于网络的敏捷制造，以及资源优化（如 ERP、电子商务等）。

6.5.3　计算机集成制造系统（CIMS）应用举例

计算机集成制造典型应用案例见表 6-5。

表 6-5　计算机集成制造典型应用案例

生产单位	工程项目	时间	效　果
成飞（集团）公司	飞机制造	1995 年	麦道机头生产周期由 12 个月降为 6 个月，库存下降 20%；竞标成功获得 1 亿波音 757 尾段订单
沈阳鼓风机	鼓风机	1995 年	产品报价由 6 周下降到 2 周，成本下降 79.7%，市场占有率达到 51%

第7章

智能化先进制造工艺技术

7.1 超高速切削加工技术①

7.1.1　超高速切削加工的概念与机理

现实中大量的切削加工生产实践表明，在各种切削加工的过程中，随着加工设备主运动和进给运动速度的提高，会产生大量切削热，并直接导致切削温度的剧烈升高，使任何刀具都无法保持在此高温下的硬度，刀具发软并出现剧烈磨损，切削加工将无法继续进行下去。为此，研究人员针对不同的切削加工类型和不同的工件材料，划定了相应的切削加工速度区域。到目前为止，几乎所有的切削加工设备在设计和制造其所能达到的最高切削加工速度时，都未能超越这一速度区域。

20 世纪 30 年代初，德国著名的机械切削物理学家萨洛蒙（Carl Salomon）分析和总结了大量的切削加工试验"速度—温度"曲线（见图 7-1），首次提出了超高速切削加工的理论。他指出：在常规的切削速度范围内，切削温度确实随着切削速度的增大而升高；而且在超过一定的切削速度后，由于切削温度的升高超过了刀具的承受能力，刀具的硬度会剧烈降低，刀具发软并出现剧烈磨损，使切削加工无法继续进行。但是，当切削速度继续增大，达到甚至超过一定的数值后，如果再增加切削速度，此时的切削温度不但不会升高，反而会降低，甚至会低于刀具可以承受的温度，这样就可能重新利用现有的刀具进行超高速加工，大幅度地减少切削加工的时间，提高设备的生产效率，这便是超高速切削加工的概念。

7.1.2　超高速切削加工技术的特点

1. 设备的加工效率高

超高速切削加工比常规切削加工的主轴运转速度高出5～6倍,进给速度也相应提高5～10倍,这样,在单位时间内,刀具对材料的切除速度可以提高3～6倍,因而零件的加工时

---

① 白琨. 超高速切削加工及其关键技术[J]. 新技术新工艺，2009（9）：63-64.

间通常可以缩短到原来的 1/3，甚至 1/5，从而极大地提高设备的加工效率和设备利用率，缩短产品的生产周期，可实现对产品进行快速制造。这一特点在新产品开发过程中显得尤其重要，既缩短了研制周期，又增强了企业的竞争力。

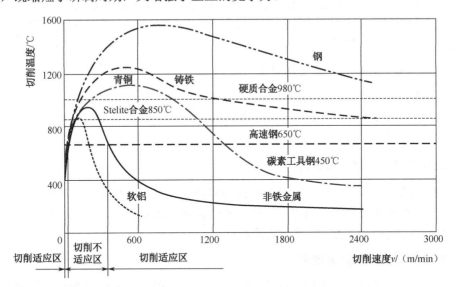

图 7-1　Carl Salomon 切削温度与切削速度曲线

2. 加工时切削力小

与常规的切削加工相比，超高速切削加工时的切削力至少可以降低 30%甚至 40%，这对于诸如细长轴、薄壁件等低刚度、精微零件来讲，其意义相当重大。如图 7-2 所示为米克朗公司加工的薄壁样件。超高速切削可以减少零件在加工过程中的变形，提高零件的加工精度。不仅如此，采用超高速切削加工时，单位功率材料切除率可以提高 40%以上，刀具的使用寿命可以提高 70%以上。刀具使用寿命的延长不仅可以节省生产成本，还可以节约加工时间，同时也避免了频繁更换刀具所带来的刀具装夹定位误差，对提高零件的加工精度有极大的意义。

图 7-2　超高速加工薄壁样件（厚度 0.1mm）（米克朗公司）

3. 工件的热变形小

由于超高速切削加工的过程极为迅速，95%以上的切削热来不及传给工件，而是被切屑直接而迅速地带走，工件不会由于温度的升高产生弯翘或膨胀变形。因而，超高速切削加工特别适用于加工容易发生热变形的零件。

4. 工件的加工精度高、加工质量好

由于超高速切削加工的切削力和切削热影响小，使刀具和工件的热变形小，工件表面的残余应力小，这样就可保持尺寸的精确性。同时，由于切屑被飞快地切离工件，可以使工件达到极高的表面质量。

5. 设备在加工过程中状态稳定

由于超高速旋转刀具切削加工时的激振频率高，已经远远地超出了"机床—工件—刀具"加工工艺系统的固有频率范围。因此，不会造成上述加工工艺系统的振动，使整个加工过程平稳，有利于提高加工精度和表面质量。

6. 创造良好的技术经济效益

采用超高速切削加工能取得常规的切削加工无法获得的技术经济效益，如缩短加工时间、提高生产率；可以加工低刚度的零件；零件加工精度高、表面质量好；提高刀具寿命和机床利用率；节省了换刀辅助时间和刀具刃磨费用等。

7.1.3 超高速切削加工的关键技术

超高速切削加工是一种综合性的高新技术，拥有常规的切削加工无法比拟的技术优势，但其能否得到广泛而顺利地推广和应用，完全取决于机床设备和刀具制造的多种相关技术是否发展到可以与之相匹配的程度，主要体现在以下几个重要方面。

1. 超高速切削加工设备的主轴系统

由于超高速切削加工设备的主轴系统是在超高速条件下运转的，传统的齿轮变速和带传动方式已明显不能适应其要求，取而代之的是具有宽调速功能的交流变频电动机。这种电动机通常将其空心转子直接套装在机床的主轴上，取消了从主电动机到机床主轴的一切中间传动环节，使机床主传动的机械结构得到了极大的简化，形成了一种新型的功能部件——主轴单元。为了适应切削加工的超高速特点，主轴单元具有很大的驱动功率和转矩，具有较宽的调速范围，同时还有一系列监控主轴振动、轴承和电动机温度升高等运行参数的传感器、测试控制和报警系统，以确保主轴单元在超高速运转下的可靠性和安全性。

2. 超高速切削加工设备的进给系统

超高速切削加工设备的进给系统是超高速加工设备的重要组成部分，是评价超高速加工设备性能优劣与否的重要指标之一，是维持超高速切削中刀具正常工作的必要条件。超高速切削在提高主轴速度的同时，必须提高进给速度，并且要求进给运动能够做到既可以瞬间达到高速，也可以瞬间停车等动作。否则，甲但无法发挥超高速切削加工的优势，还

会使刀具处于恶劣的工作条件下，加剧刀具的磨损。另外，由于进给系统的跟踪误差对加工精度的影响很大，这就要求超高速切削加工的进给系统还应具有较大的加速度和较高的定位精度。

3. 超高速轴承技术

为了适应主轴系统的超高速运转，必须采用与之相匹配的高速精密轴承。由于业已存在的诸多优点，滚动轴承成为目前国内外的科技人员在设计和制造超高速机床时的首选。为了提高滚动轴承的极限转速，科技人员纷纷采用提高轴承的制造精度，合理选择高硬度、耐高温的轴承材料及改进轴承结构等方法，使超高速轴承技术得到了很大的发展。据了解，目前最先进的超高速轴承技术可以满足 50000～100000r/min 以上的主轴转速。

4. 超高速切削加工的刀具技术

由于超高速切削加工自身的超高速特点，要求刀具材料与被加工材料的化学亲合力要小，并且具有优异的力学性能、热稳定性、抗冲击性和极高的耐磨性能。进入 21 世纪以来，正是由于切削刀具材料的迅猛发展，才使超高速切削加工技术能够得以实施。目前适合超高速切削加工的刀具材料主要有涂层材料、金属陶瓷材料、聚晶金刚石、立方氮化硼等，特别是聚晶金刚石刀具和聚晶立方氮化硼刀具的发展和应用，极大地推动了超高速切削加工的发展，使之走向更加广泛的应用领域。

7.2 微细加工技术

7.2.1 微细加工技术的概念和特点

1. 微细加工技术的概念

微细加工起源于半导体制造工艺，原指加工尺度约在微米级范围的加工方法。在微机械研究领域中，从尺寸角度看，微机械可分为 1～10mm 的微小机械，1μm～1mm 的微机械，1nm～1μm 的纳米机械。微细加工则是微米级精细加工、亚微米级微细加工、纳米级微细加工的通称。广义上的微细加工，其方式十分丰富，几乎涉及现代特种加工、微型精密切削加工等多种方式，微机械制造过程又往往是多种加工方法的组合。

从基本加工类型看，微细加工可大致分为四类：分离加工——将材料的某一部分分离出去的加工方式，如分解、蒸发、溅射、切削、破碎等；接合加工——同种或不同材料的附和加工或相互结合加工方式，如蒸镀、淀积、生长等；变形加工——使材料形状发生改变的加工方式，如塑性变形加工、流体变形加工等；材料处理或改性和热处理或表面改性等。

2. 微细加工技术的特点

（1）多学科的制造系统工程。

微细加工已经不是一种孤立的加工方法和单纯的工艺过程，它涉及超微量加工和处理技术；高质量和新型的材料技术；高稳定性和高净化的加工环境；高精度的计量、测试技术及高可靠性的工况监测和质量控制技术等。微细加工工艺方法遍及传统加工技术和非传统加工技术，体现了多学科的交叉融合。

（2）加工特征以分离或结合原子、分子为加工对象。

以切削加工为例，从工件的角度来讲，一般加工和微细加工的最大区别是切屑的大小。一般金属材料是由微细的晶粒组成的，晶粒直径为数微米到数百微米。一般加工时，吃刀量较大，可以忽略晶粒的大小而作为一个连续体来看待，因此可见一般加工和微细加工的机理是不同的，微细加工以分离或结合原子、分子为加工对象。

7.2.2 微细加工技术的主要方法

现代微细加工技术已经不仅仅局限于纯机械加工方面，电、磁、声等多种手段已经被广泛应用于微细加工，微细加工技术的主要方法如下。

1. 微细切削技术

微细切削技术是一种由传统切削技术衍生出来的微细切削加工方法，主要包括微细车削、微细铣削、微细钻削、微细磨削、微冲压等。

微细车削是加工微小型回转类零件的主要手段，与宏观加工类似，也需要微细车床及相应的检测与控制系统，但其对主轴的精度、刀具的硬度和微型化有很高的要求。

微细铣削可以实现任意形状微三维结构的加工，生产效率高，便于扩展功能，对于微机械的实用化开发很有价值。

微细钻削的关键是微细钻头的制备，目前借助于电火花线电极磨削可以稳定地制成直径为 $10\mu m$ 的钻头，最小的可达 $6.5\mu m$。

微细磨削是在小型精密磨削装置上进行的，能够从事外圆及内孔的加工。已制备的微细磨削装置，工件转速可达 $2000r/min$，砂轮转速为 $3500r/min$，磨削采用手动走刀方式。为防止工件变形或损坏，用显微镜和电视显示屏监视着砂轮与工件的接触状态。微细磨削加工的微型齿轮轴材料为硬质合金，轮齿表面粗糙度可达到 $Ra0.049\mu m$。

2. 微细电火花加工技术

微细电火花加工技术的研究起步于 20 世纪 60 年代末，是在绝缘的工作液中通过工具电极和工件间脉冲火花放电产生的瞬时、局部高温来熔化和汽化蚀除金属的一种加工技术。由于其在微细轴孔加工及微三维结构制作方面存在的巨大潜力和应用背景，因而受到了高度重视。实现微细电火花加工的关键在于微小电极的制作、微小能量放电电源、工具电极的微量伺服进给、加工状态检测、系统控制及加工工艺方法等。

3. 蚀刻加工技术

微机械元件的加工很多情况下要完成三维形体的微细加工，需要采用不同的蚀刻技术。

蚀刻的基本原理是在被加工工件的表面贴上一定形状的掩膜，经蚀刻剂的淋洒并去除反应产物后，工件的裸露部分逐步被刻除，从而达到设计的形状和尺寸。根据沿晶向的蚀刻速度分为等向蚀刻与异向蚀刻。若工件被蚀刻的速度沿各个方向相等则为等向蚀刻，它可以用来制造任意横向几何形状的微型结构，高度一般仅为几微米。

4. 微细电解加工

所谓微细电解加工是指在微细加工范围内（1～1000nm），利用金属阳极电化学溶解去除材料的制造技术，其中材料的去除是以离子溶解的形式进行的，在电解加工中通过控制电流的大小和电流通过的时间，控制工件的去除速度和去除量，从而得到高精度、微小尺寸零件的加工方法。

7.2.3 微细加工技术发展存在的问题[①]

1. 在微机械学方面

在微机械材料力学数据的获取上还存在数据获取不完全、数据单一化、缺乏通用性和权威性、响应新材料新工艺的滞后性的问题，这导致了 MEMS 薄膜材料工艺流程缺乏理论指导和规范等问题；微机械动力学由于涉及电子工程、机械工程、材料工程、物理学、力学等领域，研究内容难度大，已成为当前微机械发展的一个瓶颈，严重限制了微机械的发展，造成了目前微机电系统呈现"能看不能动，能动不能用"的状况；还有微液体力学、微热力学、微摩擦学等各领域的计算理论有待于进一步论证。

2. 微电子技术方面

随着器件特征尺寸的不断缩小，单纯以特征尺寸的缩小而提高集成度的微电子技术的一维方式发展模式面临着来自基本物理规律、材料、技术、器件、系统和传统理论方面的物理限制，这些限制迫使微电子技术的发展要呈现出多维发展的模式，如克服限制、发展纳米新技术、研究新的器件结构、微电子技术与其他技术相结合等。

3. 微光学方面

微光学理论技术研究虽然较为系统和完整，但随着应用领域的拓宽，在微细加工工艺的革新和完善、微光学材料的研究和开拓、微光学元器件的集成化多功能化、微光学元件及其阵列的成像、传输理论和设计方法研究、微光学产业化的发展等方面还需要进行深入的研究和探索。

4. 分子装配技术方面

单分子领域内的物理特性及规律仍有许多方面未能解决，控制与操纵单分子设计和构造各种新的物质和分子功能器件还有极大的困难，当前纳米器件制造工艺从本质上仍属于传统的"从上到下"的方法，即通过开发现有宏观工艺手段的潜力实现材料微型化程序的提高。

---

① 李建勋，胡晓兵，杨洋. 微细加工技术的发展及应用[J]. 现代机械，2007（4）：76-78.

7.3 超精密加工技术

7.3.1 超精密加工技术的概念

超精密加工技术始终采用当代最新科技成果来提高加工精度和完善自身，故"超精密"的概念随科技的发展而不断更新。目前超精密加工技术是指加工的尺寸、形状精度达到亚微米级，加工表面粗糙度 Ra 达到纳米级的加工技术的总称。目前超精密加工技术在某些应用领域已经延伸至纳米尺度范围，其加工精度已经接近纳米级，表面粗糙度 Ra 已经达到 $10\sim1nm$ 级（原子直径为 $0.1\sim0.2nm$，根据理论分析，加工切除层的最小极限尺寸为原子直径，如果一层一层地切除原子，被加工表面的尺寸波动范围在 $0.1\sim0.2$ nm，具有这种特征的表面称为"超光滑表面"）。并且正向其终极目标——原子级加工精度（超精密加工的极限精度）逼近。目前的超精密加工以不改变工件材料物理特性为前提，以获得极限的形状精度、尺寸精度、表面粗糙度、表面完整性（无或极少的表面损伤，包括微裂纹缺陷、残余应力、组织变化等）为目标。

超精密加工目前包括四个领域：超精密切削加工、超精密磨削加工、超精密抛光加工、超精密特种加工（如电子束、离子束加工）。

超精密切削加工是特指采用金刚石等超硬材料作为刀具的切削加工技术，其加工表面粗糙度 Ra 可达到几十纳米，包括超精密车削、镗削、铣削及复合切削（超声波振动车削加工技术等）。

超精密磨削是指以利用细粒度或超细粒度的固结磨料砂轮及高性能磨床实现材料高效率去除、加工精度达到或高于 $0.1\mu m$，加工表面粗糙度 $Ra<0.025\mu m$ 的加工方法，是超精密加工技术中能够兼顾加工精度、表面质量和加工效率的加工手段。

超精密抛光是利用微细磨粒的机械作用和化学作用，在软质抛光工具或化学液、电/磁场等辅助作用下，为获得光滑或超光滑表面，减少或完全消除加工变质层，从而获得高表面质量的加工方法，加工精度可达到数纳米，加工表面粗糙度 Ra 可达到 $10\sim1nm$ 级，超精密抛光是目前最主要的终加工手段。抛光过程的材料去除量十分微小，一般在几微米以下。如图 7-3 所示为目前各种典型超精密加工方法的加工精度范围。

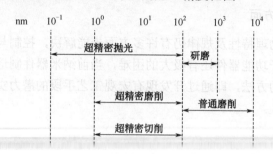

图 7-3　目前各种典型超精密加工方法的加工精度范围

7.3.2 超精密加工关键技术

超精密切削加工是一项内容广泛的新技术,它的加工精度和表面质量是由所使用的超精密机床设备,金刚石刀具,切削加工工艺,计量和误差补偿技术,操作者的技术水平,环境支持条件等多种因素影响的综合结果。

1. 超精密机床设备

超精密机床是实现超精密切削的首要条件,各国都投入大量人力物力研制超精密切削用机床。目前水平最高的是美国。其代表作是 LLL 实验室 1983 年研制成功的 DTM-3 型大型超精密车床和 1984 年研制成功的大型光学金刚石车床 LODTM。该机床采用空气轴承主轴和高压液体静压主轴,刚度高,动态性能好。为实现超精密位置的确定,采用了精密数字伺服方式,控制部分为内装式 CNC 装置和激光干涉测长仪,实现随机测量定位。为了实现刀具的微量进给,在 DC 伺服机构内装有压电式微位移机构,可实现纳米级微位移。该车床采用了恒温油淋浴系统,油温控制在 $20 \pm 0.0005℃$,消除了加工中的热变形。该车床还采用了压电晶体误差补偿技术,使加工精度达到 $0.025\mu m$,该机床可用于加工平面、球面及非球面,用于加工激光核聚变工程的零件,红外线装置用零件及大型天体望远镜。

在欧洲以具有研究开发超精密金刚石切削加工机械传统的 Philips 公司的中央研究所为中心,研究开发 CNC 超精密金刚石车床 COLATH,1978 年以后用于本公司的高精度零件的加工。

英国 Cranfield 公司与 British Science and Engineering Research Council(SERC)签订合同,研制开发 X 射线天体望远镜用大型超精密机床 OAGM 2500,机床于 1991 年研制成功,工作台 2500mm × 2500mm,可用于超精密车削、磨削和坐标测量,使用性能良好。

日本大型超精密金刚石切削机床的研究与开发远远落后于欧美,至今未见有关的报道。但在小型、超小型电子和光学零件的超精密加工技术方面,日本则更加先进和具有优势,甚至超过了美国。

2. 金刚石刀具

金刚石刀具是超精密切削中的关键要素。金刚石刀具有两个比较重要的问题:一是晶面的选择,这与刀具的使用性能有着重要的关系;再就是金刚石刀具的研磨质量——刃口半径 ρ。它关系到切削变形和最小切削厚度,因而影响加工表面质量。

超精密切削中,刀刃的实际切削厚度与名义切削厚度不相同,有一个差值。实际切削厚度亦称有效切削厚度。切削厚度小过一定界限就不能正常切削。能稳定切削的最小有效切削厚度称为最小切削厚度。最小切削厚度取决于金刚石刀具的刃口半径,刃口半径越小,则最小切削厚度越小。

国外报道研磨质量最好的金刚石刀具,刃口半径可以小到数纳米的水平;而国内现在磨的金刚石刀具,刃口半径只能达到 $0.1\sim0.3\mu m$。日本大阪大学和美国 LLL 实验室合作研究超精密切削的最小极限,成功地实现了 1nm 级切削厚度的稳定切削,使超精密切削达到新的水平。

3. 精度检测

要达到亚微米级和纳米级的加工精度,检测是一个极为重要的方面。超精密加工对测量技术提出了严格要求。超精密加工要求测量精度比加工精度高一个数量级。如果超精密加工精度达到 1nm，测量机要控制的精度则要达到 0.1nm。因此，超精密加工需要与相应的测量技术配合。超精密测量技术的开发必须与超精密加工技术的开发保持同步。目前超精密测量仪正向高分辨率、高精度和高可靠性的方向发展。

国外广泛发展非接触式测量方法并研究原子级精度的测量技术。例如，Johaness 公司生产的多次光波干涉显微镜的分辨率为 0.5nm，OrienPass 公司生产的 MBI 重复反射干涉仪的测量精度可达 0.001nm。最近出现的隧道扫描显微镜的分辨率为 0.01nm，是目前世界上精度最高的测量仪，可用于测量金属和半导体零件表面的原子分布的形貌。最新的研究证实，在扫描隧道显微镜下可移动原子，实现精密工程的最终目标——原子级精密加工。

超精密加工中的测量，应包括机床超精密部件运动精度的检测和加工精度的直接检测。要提高机床的运动精度，首先要能检测出运动误差。用三点法所测得的高精度静压空气轴承的径向圆跳动一般为 50nm 左右。主轴的跳动加上静压工作台的直线运动误差，可以造成圆度和圆柱度等误差达数十纳米。

4. 加工环境

加工环境条件的极微小变化都可能影响加工精度，使超精密加工达不到预期目的，因此，超精密加工必须在超稳定的加工环境条件下进行。超稳定环境条件主要是指恒温、防振、超净和恒湿四个方面的条件，相应地发展起恒温技术、防振技术和净化技术。

超精密加工必须在严密的恒温条件下进行，即不仅放置机床的房间应保持恒温，还要对机床采取特殊的恒温措施。据统计在精密加工中，由热变形产生的误差常占全部加工误差的 50%以上，例如，长 100mm 的钢件，温度升高 1℃，其长度将增加 1～1.2μm，铝件的长度将增加 2.2～2.3μm。因此超精密加工和测量必须在恒温条件下进行。如要保证 0.1～0.01μm 的加工精度，温度变化应小于±0.1～0.01℃。

有些超精密机床，内部易产生热变形处用恒温油冷却。还有超精密机床外面加透明塑料罩，用恒温油浇淋。现在恒温油可控制在 20±0.0005℃，室温可控制在 20±0.005℃。

为了提高超精密加工系统的动态稳定性，除了在机床设计和制造上采取各种措施外，还必须用隔振系统来保证机床不受或少受外界振动的影响。超精密车床一般除用防振沟和很大的地基外，还使用空气弹簧隔振。美国 LLL 实验室的大型超精密金刚石车床采用隔振措施后，轴承部件的相对振动振幅为 2nm，并可防止 1.5～2Hz 的外界振动传入。

超精密加工还必须有超净化的环境。对超精密加工车间一立方英尺的空气中直径大于 0.3μm 以上的尘埃数应小于 100（百级）。现在又提出 10 级的要求，尘埃粒度从 0.3μm 减至 0.1μm。为建立 0.1μm 的 10 级洁净室，国外已研制成功对 0.1μm 的尘粒有 99.999%净化效率的高效过滤器。

7.3.3 超精密加工技术发展趋势

超精密加工技术总的发展趋势是：大型化、微小型化、数控化、智能化的加工装备；复合化、无损伤的加工工艺；超精密、高效率、低成本批量加工；在生产车间大量应用的高精度低成本专用检测装置。超精密加工技术未来的发展趋势见表 7-1。

表7-1 超精密加工技术未来的发展趋势

相关技术	发展趋势
机床床身	刚度更高，精度更稳定
主轴、驱动系统	精度、刚度、速度更高
数控系统	工艺过程智能化控制，采用智能数控＋专家数据库＋在线检测
在线检测和误差补偿	精度、速度更高，采用新检测原理/新算法
加工环境控制技术	更稳定、维护成本更低，采用按工序或工位区域控制
隔振系统	更稳定、成本更低，采用磁悬浮等
机床传动系统	更简洁、精度更高、速度更快，采用电动机直接驱动
金刚石刀具制造	专用磨削装置，加工检测智能化
超硬材料砂轮修整	专用修整系统，在线检测修整一体化
无损伤磨削砂轮、抛光盘	加工表面质量更好、效率更高
磨削、抛光环境	绿色、无污染
高效、无损伤加工	自动化、批量化、工艺复合化
检测仪器	非接触、高精度、高速、普及化
超小件加工	复杂微机构，采用纳米结构材料刀具
超薄基片加工	几十微米厚度

7.4 再制造技术

7.4.1 再制造概述

1. 再制造概念

随着21世纪的到来，以优质、高效、安全、可靠、节能、节材为目标的先进制造技术得到了飞速发展。以设备、产品零部件维修和再制造为主的研究越来越多，再制造工程作为一种符合可持续发展战略要求的技术得到了越来越多的重视。再制造工程是解决资源浪费、环境污染和废旧设备翻新的最佳方法和途径之一，是符合国家可持续发展战略的一项绿色系统工程。

再制造是一个过程，是指以旧制成品为原料，运用高科技的清洗技术、修复技术或利用新材料、新技术，进行专业化批量化修复或技术升级改造，使得再制造后的产品（装备）在技术性能和安全质量等方面达到原同类新品的标准要求。

再制造不仅仅是对旧产品简单的回收和利用，而是依托一定的科技手段，对原有产品进行再生制造及技术升级改造，给原有产品赋予更多的内容，使原有产品的功能和价值得到提升。再制造的核心实际是再创造，为用户提供再生新产品、新功能、新服务、新价值。

2. 再制造与维修的区别

谈到再制造，往往跟维修的概念混淆不清，其实二者是有着本质区别的。

（1）维修指的是使失效的设备恢复到能执行所需功能的状态的过程；而再制造不仅仅是实现维修的目的，也是通过一定的技术手段和一系列既定的过程，使使用过的设备恢复到新产品的水平。

（2）多数维修比较昂贵，而且都是"头疼医头，脚疼医脚"，往往治标不治本；而再制造则不同，是经过一系列严格的程序，对产品的整体性能做全面了解，然后采用先进适用的再制造技术工艺，对废旧产品进行修复改造，使性能和质量达到或超过原型新品。

（3）再制造通常由原始设备制造商完成，所有再制造过程中替换或维修的零部件及升级的软件与新品所用的零部件或软件属同系列产品，保证了很好的兼容性，而维修则不一定。

（4）原始设备制造商可以很好地追踪原产品的保修期，可以避免不必要的维修而产生的费用。

（5）再制造后的产品可以得到一段时间的保修期，这个保修期不只是针对再制造过程中替换或维修的零部件，而是对整机而言的；而维修则不同，所谓的保修期通常只是针对维修过程中替换或维修的零部件。

（6）经过第三方维修过的产品在保修期内失效的概率远远高于原始设备制造商再制造过的产品。

3. 典型的再制造过程

再制造是一个工业过程。在这个过程中，报废产品被恢复到像新产品一样，即在工业环境中通过一系列工业过程，报废产品被完全解体，可用零件在彻底清洗、修整后放入仓库，根据需要补充一部分新零件，然后用这些新旧零件装配成新产品，并严格按照新产品技术要求进行检测和试验，合格的再制造产品按照新产品要求进入市场。再制造流程示意图如图7-4所示。

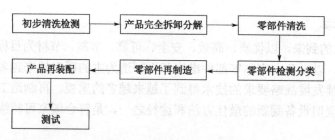

图7-4 再制造流程示意图

7.4.2 再制造技术体系及典型再制造技术

1. 机电产品再制造技术体系

2012年，工业和信息化部与科学技术部共同下发了《机电产品再制造技术及装备目录》（以下简称《目录》），该《目录》中所列举的机电产品再制造技术体系包括再制造成形与加工技术、再制造拆解与清洗技术和再制造无损检测与寿命评估技术三大技术群，共26项关键技术。表7-2所示是《目录》中所列出的机电产品再制造技术体系的相关内容。

表7-2 机电产品再制造技术体系

体　系	技术群	再制造技术
再制造技术体系	再制造成形与加工技术	激光熔覆成形技术
		等离子熔覆成形技术
		堆焊熔覆成形技术
		高速电弧喷涂技术
		高效能超音速等离子喷涂技术
		纳米复合电刷镀技术
		铁基合金镀铁再制造技术
		金属表面强化减摩自修复技术
		再制造零部件表面喷丸强化技术
	再制造拆解与清洗技术	拆解信息管理系统
		机械结构件销轴与轴套无损拆解技术
		液压油缸活塞杆无损拆解技术
		泵车支腿、转塔无损拆解技术
		电机轴承拆解技术
		高效喷砂绿色清洗与表面预处理技术
		废旧机械零部件高温高压清洗技术
		废旧机械零部件超声清洗技术
		废旧机械零部件表面油漆清除技术
	再制造无损检测与寿命评估技术	再制造毛坯缺陷综合无损检测技术
		再制造零件表面涂层结合强度评价技术
		再制造零件服役寿命模拟仿真综合验证技术
		再制造零件动态健康检测技术
		发动机曲轴疲劳剩余寿命评估技术

2. 典型再制造技术

（1）激光熔覆成形技术[①]。

激光熔覆成形（Laser Cladding Forming，LCF）技术集激光技术、计算机技术、数控技术、传感器技术及材料加工技术于一体，是一门多学科交叉的边缘学科和新兴的先进制造技术。该技术将快速原型制造技术和激光熔覆表面强化技术相结合，利用高能激光束在金属基体上形成熔池，将通过送粉装置和粉末喷嘴输送到熔池的金属粉末或事先预置于基体上的涂层熔化，快速凝固后与基体形成冶金结合，根据零件的计算机辅助设计（Computer Aided Design，CAD）模型，逐线、逐层堆积材料，直接生成三维近终形金属零件。激光熔覆成形系统主要由计算机、粉末输送系统、激光器和数控工作台四部分组成，其原理如图7-5所示。

和传统的材料成形方法相比，激光熔覆成形技术具有成形零件复杂、结构优化、性能优良、加工材料范围广泛，可实现梯度功能、柔性化程度高、制造周期短、可实现无模近终成形等独特优点，在材料利用率、研制周期和总的制造成本方面均优于铸造和锻造技术，

---

① 宋建丽等. 激光熔覆成形技术的研究进展[J]. 机械工程学报，2010（7）：29-38.

是一种优质、节材、低成本、无污染的先进制造技术。如图 7-6 所示为压缩机螺杆修复前后对比。

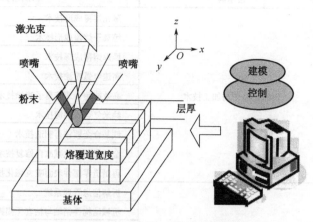

图 7-5　激光熔覆成形原理图

（a）修复前

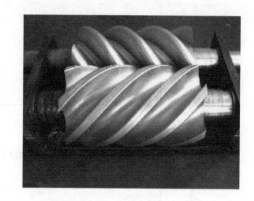

（b）修复后

图 7-6　压缩机螺杆修复前后对比

（2）纳米复合电刷镀技术。

纳米复合电刷镀技术是指采用电刷镀技术进行再制造时，把具有特定性能的纳米颗粒加入电刷镀液中，获得纳米颗粒弥散分布的复合电刷镀涂层，提高产品零件表面性能。

纳米电刷镀技术和电刷镀技术的基本原理相同，如图 7-7 所示，都是金属离子的阴极还原反应。该技术采用专用的直流电源设备，并使用电流的正极接电刷镀笔，作为刷镀时的阳极，电源的负极接工件，作为刷镀时的阴极。纳米电刷镀与电刷镀的区别主要在于：纳米电刷镀要在镀液中加入一定量的不溶性纳米微粒，并使其均匀地悬浮在镀液中，这些不溶性纳米微粒能够吸附镀液中的正离子，发生阴极反应时，与金属离子一起沉积在工件上，获得纳米复合镀层。其余一些没有吸附正离子的不溶性固体微粒，也随着镀液送到工件表面，它们虽不参与阴极反应，却在阴极反应时像杂质一样被镶嵌在镀层中，即纳米颗粒与刷镀金属发生共沉积，形成纳米复合电刷镀层。随着电刷镀时间的增长，电刷镀层逐渐增厚。

纳米复合电刷镀技术主要应用如下。

一是提高零件表面的耐磨性。由于纳米陶瓷颗粒弥散分布在镀层基体金属中，形成了金属陶瓷镀层，镀层基体金属中的无数纳米陶瓷硬质点，使镀层的耐磨性显著提高。使用纳米复合镀层可以代替零件镀硬铬、渗碳、渗氮、相变硬化等工艺。

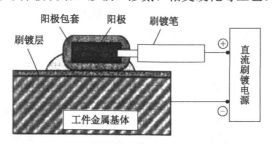

图7-7　纳米复合电刷镀技术原理图

二是提高零件表面的抗疲劳性能。纳米复合镀层有较高的抗疲劳性能，因为纳米复合镀层中无数个不溶性固体纳米颗粒沉积在镀层晶体的缺陷部位，相当于在众多的位错线上打下无数"限制桩"，这些"限制桩"可有效地阻止晶格滑移。另外，位错是晶体中的内应力源，"限制桩"的存在也改善了晶体的应力状况。因此，纳米复合镀层的抗疲劳性能明显高于普通镀层。

三是改善有色金属表面的使用性能。许多零件或零件表面使用有色金属制造，主要是为了发挥有色金属导电、导热、减摩、防腐等性能，但有色金属往往因硬度较低、强度较差，造成使用寿命短、易损坏。制备有色金属纳米复合镀层，不仅能保持有色金属固有的各种优良性能，还能改善有色金属的耐磨性、减摩性、防腐性、耐热性。如用纳米复合镀处理电器设备的铜触点、银触点，处理各种铅青铜、锡青铜轴瓦等，都可有效改善其使用性能。

四是降低零件表面的摩擦系数。使用具有润滑减摩作用的不溶性固体纳米颗粒制成纳米复合镀溶液，获得的纳米复合减摩镀层，镀层中弥散分布了无数个固体润滑点，能有效降低摩擦副的摩擦系数，起到固体减摩作用，因而也可减少零件表面的磨损，延长零件的使用寿命。

五是实现零件的再制造并提升性能。再制造以废旧零件为毛坯，首先要恢复零件损伤的尺寸精度和几何形状精度。这可先用传统的电镀、电刷镀的方法快速恢复磨损的尺寸，然后使用纳米复合电刷镀技术在尺寸镀层上镀纳米复合镀层作为工作层，以提升零件的表面性能，使其优于新品。

7.4.3　智能再制造工程体系[①]

智能再制造工程以产品全寿命周期设计及管理为指导，是分析、策划、控制、决策等先进再制造过程与模式的总称。智能再制造工程将互联网、物联网、大数据、云计算等新一代信息技术与再制造回收、生产、管理、服务等各环节融合，通过人技结合、人机交互等集成方式来实现。智能再制造工程以智能再制造技术为手段，以关键再制造环节智能化为核心，以网通互联为支撑，可有效缩短再制造产品生产周期、提高生产效率、提升质量、降低资源能源消耗，对推动再制造业转型升级具有重要意义。

① 梁秀兵. 智能再制造工程体系[J]. 科技导报，2016（24）：74-79.

　　智能再制造工程体系涵盖了再制造的全过程和全系统，包括再制造加工技术、再制造物流、再制造生产、再制造营销、再制造售后服务等，概括起来为智能再制造物流、智能再制造生产、智能再制造加工技术和设备，以及智能再制造产品营销四个方面，四者是相辅相成且高度集成的工程体系，如图 7-8 所示。

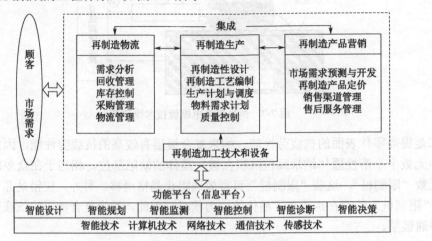

图 7-8　智能再制造工程体系结构

反侵权盗版声明

电子工业出版社依法对本作品享有专有出版权。任何未经权利人书面许可，复制、销售或通过信息网络传播本作品的行为；歪曲、篡改、剽窃本作品的行为，均违反《中华人民共和国著作权法》，其行为人应承担相应的民事责任和行政责任，构成犯罪的，将被依法追究刑事责任。

为了维护市场秩序，保护权利人的合法权益，我社将依法查处和打击侵权盗版的单位和个人。欢迎社会各界人士积极举报侵权盗版行为，本社将奖励举报有功人员，并保证举报人的信息不被泄露。

举报电话：（010）88254396；（010）88258888

传　　真：（010）88254397

E-mail：　dbqq@phei.com.cn

通信地址：北京市万寿路 173 信箱

　　　　　电子工业出版社总编办公室

邮　　编：100036